国家中等职业教育改革

发展示范学校建设项目成果教材

# 机械设备拆装与调整

主　编　李　明　冯晓军

参　编　朱铁佳　张建刚　强光辉　苏建国　魏国军

主　审　徐　剑

机械工业出版社

本书结合杭州天煌教仪出品的 THMDZT—1 型机械装调技术综合实训装置，采用任务引领模式进行编写。全书共四个项目，主要内容包括多级变速箱的拆装与调整、减速器的拆装与调整、二维工作台的拆装与调整和工作机构的拆装与调整。通过本书的学习与实训，能够加强学生识读与绘制装配图和零件图、进行钳工基本操作、装配与调整零部件和机构、检验装配质量等技能。

本书也可作为全国技能大赛“机械装调技术”项目教材，也可供职业技术类院校相关专业的师生参考。

**图书在版编目（CIP）数据**

机械设备拆装与调整/李明，冯晓军主编．—北京：机械工业出版社，2015.5（2024.7 重印）

国家中等职业教育改革发展示范学校建设项目成果教材

ISBN 978-7-111-49702-8

Ⅰ.①机…　Ⅱ.①李…②冯…　Ⅲ.①机械设备—装配（机械）—中等专业学校—教材　Ⅳ.①TH17

中国版本图书馆 CIP 数据核字（2015）第 054198 号

机械工业出版社（北京市百万庄大街 22 号　邮政编码 100037）
策划编辑：齐志刚　责任编辑：齐志刚　王海霞
版式设计：常天培　责任校对：刘秀芝
封面设计：张　静　责任印制：常天培
北京中科印刷有限公司印刷
2024 年 7 月第 1 版第 10 次印刷
184mm×260mm · 7 印张 · 3 插页 · 187 千字
标准书号：ISBN 978-7-111-49702-8
定价：25.00 元

电话服务　　网络服务
客服电话：010-88361066　机　工　官　网：www.cmpbook.com
010-88379833　机　工　官　博：weibo.com/cmp1952
010-68326294　金　书　网：www.golden-book.com
封底无防伪标均为盗版　机工教育服务网：www.cmpedu.com

# 前言

本书内容充分反映了当前从事机械装配调整工作所需要的核心知识与技能，较好地体现了职业教育特点。在内容编排上，采用任务引领模式，以杭州天煌教仪出品的 THMDZT—1 型机械装调技术综合实训装置为基础，兼顾理论与实践，以满足各层次学习的需求。

本书分为四个项目，项目一为多级变速箱的拆装与调整，项目二为减速器的拆装与调整，项目三为二维工作台的拆装与调整，项目四为工作机构的拆装与调整。

本书由李明、冯晓军任主编，参加编写的还有朱轶佳、张建刚、强光辉、苏建国、魏国军。全书由徐剑主审。本书在编写过程中参阅了国内同行的相关文献和资料，得到了浙江天煌科技实业有限公司的大力支持，在此一并表示衷心的感谢！

由于编者水平有限，书中不妥之处在所难免，恳请读者批评指正。

编　者

# 目录

MULU

前言


**项目一　多级变速箱的拆装与调整** …… 1
任务一　多级变速箱的拆卸 …… 1
任务二　轴承的安装与调整 …… 11
任务三　圆柱齿轮的安装与调整 …… 19
任务四　锥齿轮的安装与调整 …… 26
任务五　带传动机构的安装与调整 …… 31
**项目二　减速器的拆装与调整** …… 36
任务一　减速器的拆卸 …… 36
任务二　链传动机构的安装与调整 …… 42
任务三　轴、键、销零件的安装与调整 …… 47
任务四　蜗杆传动机构的安装与调整 …… 59
**项目三　二维工作台的拆装与调整** …… 64
任务一　二维工作台的拆卸 …… 64
任务二　直线导轨的安装与调整 …… 69
任务三　滚珠丝杠副的安装与调整 …… 76
任务四　二维工作台整体的安装与调整 …… 84
**项目四　工作机构的拆装与调整** …… 91
任务一　间歇回转机构的安装 …… 91
任务二　自动压力机的安装与调整 …… 95
任务三　机械传动机构的安装与调整 …… 99
任务四　机械系统的运行与调整 …… 101
**附录** …… （见书后插页）
**参考文献** …… 106

# 项目一　多级变速箱的拆装与调整

## 任务一　多级变速箱的拆卸

**【教学目标】**

教学目标：能够正确拆卸多级变速箱。

促成教学目标：

1）能识别常用拆卸工具。

2）能正确使用常用拆卸工具。

3）能根据装配图正确拆卸多级变速箱。

**【工作任务】**

1）读懂装配图。

2）正确选用工具，用合理、正确的方法拆卸变速箱。

**【任务分析】**

### 一、多级变速箱装配图

读 THMDZT—1 型机械装调技术综合实训装置多级变速箱装配图（附图 1）。

**1. 概括了解**

从标题栏中了解装配体的名称是 THMDZT—1 型机械装调技术综合实训装置中的变速箱，它是整个装置中的重要变速部件，由 63 种零件组成。

**2. 了解装配关系和工作原理**

此变速箱主要由箱体、齿轮、花键轴、间隔套、键、角接触轴承、深沟球轴承、卡簧、端盖、手动换挡机构等组成。输入一定的转速，通过变换换挡手柄的位置，可以得到不同方向和大小的输出转速。

**3. 分析零件，读懂零件形状**

利用装配图的表达方法和投影关系，将零件的投影从重叠的视图中分离出来，读懂零件的基本结构形状和作用。

**4. 分析尺寸，了解技术要求**

读懂装配图中的必要尺寸，分析装配过程中或装配后达到的技术要求，以及对装配体工作性能、调试与检验等的要求。

### 二、工作准备单

在对 THMDZT—1 型实训装置多级变速箱进行拆卸的过程中，除了要准备好变速箱外，还必须准备好表 1-1 中所列的工具。

**表 1-1　变速箱拆卸用工具**

| 序　号 | 名　称 | 图　示 | 数　量 |
|---|---|---|---|
| 1 | 内六角扳手 |  | 1 套/组 |
| 2 | 橡胶锤 | 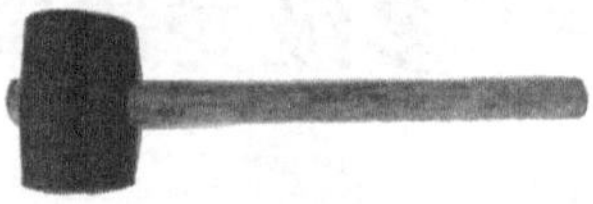 | 1 把 |
| 3 | 螺钉旋具 |  | 1 套/组 |
| 4 | 顶拔器 |  | 1 套 |
| 5 | 活扳手 |  | 1 把 |
| 6 | 成套套筒扳手 | 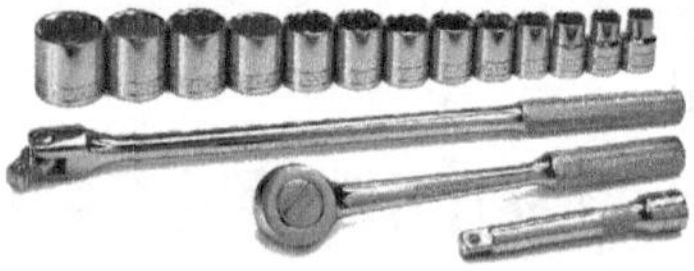 | 1 套/组 |
| 7 | 尖簧钳 |  | 1 套/组 |
| 8 | 防锈油 |  | 若干 |
| 9 | 纯铜棒 |  | 1 套/组 |
| 10 | 零件盒 |  | 1 个 |

## 【相关知识】

### 一、认识变速箱

变速箱在各类设备中应用广泛，可以分为手动和自动两种。手动变速箱主要由齿轮和轴组成，通过不同的齿轮组合产生变速变矩；而自动变速箱是由液力变矩器、行星齿轮和液压操纵系统组成的，它通过液力传递和齿轮组合的方式来达到变速变矩的目的。

### 二、理解 THMDZT—1 型实训装置变速箱的工作原理

THMDZT—1 型实训装置中的变速箱(图 1-1 和图 1-2)具有双轴三级变速输出，其中一轴输出带正反转功能，主要由箱体、齿轮、花键轴、间隔套、键、角接触轴承、深沟球轴承、卡簧、端盖、手动换挡机构等组成，可用于完成多级变速箱的装配工艺实训。

图 1-1　变速箱

**1. 变速原理**

一对齿数不同的齿轮啮合传动时，当小齿轮为主动齿轮，带动大齿轮传动时，输出转速降低；当大齿轮驱动小齿轮时，输出转速升高。变速箱就是根据这一原理，利用若干大小不同的齿轮副传动来实现变速的。

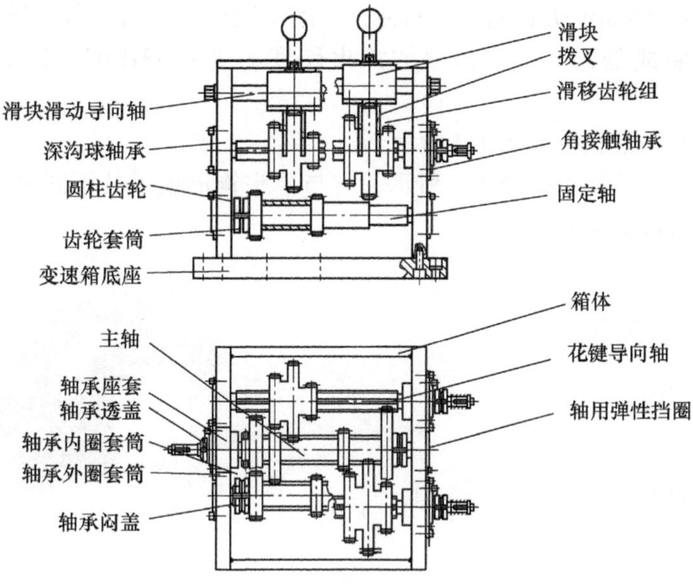


图 1-2　变速箱结构

设主动齿轮的转速为 $n_1$、齿数为 $z_1$，从动齿轮的转速为 $n_2$、齿数为 $z_2$，主动齿轮转速与从动齿轮转速的比值称为传动比，即

$$i_{1.2}=\frac{n_1}{n_2}=\frac{z_2}{z_1}$$

因而

$$n_2 = n_1 \frac{z_1}{z_2}$$

多级齿轮传动的传动比为

$$i = \frac{\text{所有从动齿轮齿数的连乘积}}{\text{所有主动齿轮齿数的连乘积}}$$

$$= \text{各级齿轮传动比的乘积}$$

**2. 换挡原理**

若将两个齿轮脱开，再将另外两个齿轮啮合，则传动比将发生变化，输出轴的转速、转矩也发生变化，即挡位变化。

**3. 变向原理**

相啮合的一对齿轮旋向相反，每经一传动副，其轴改变一次转向。由两对齿轮组成的传动副，其输出轴与输入轴的转向相同；由三对齿轮组成的传动副，其输出轴与输入轴的转向相反。

## 三、常用拆装工具的使用

在拆卸过程中，选用合适的拆卸工具来拆卸零部件可以提高拆卸质量，加快拆卸速度，避免产生拆卸事故。这些拆卸工具的结构形式很简单，一般是修理钳工自制的，使用起来十分方便。

**1. 单头钩形扳手**

单头钩形扳手分为固定式和调节式两种，可用于扳动在圆周方向上开有直槽或孔的圆螺母。它是用45钢制成的，其钩头部分的淬火硬度为37～42HRC，其余部分调质硬度为27～30HRC。

1）固定式单头钩形扳手如图1-3所示。

2）固定式圆头钩形扳手如图1-4所示，它与单头钩形扳手的不同之处在于钩头部分为圆形小轴（磨损后可以拆换）。

图1-3　固定式单头钩形扳手

图1-4　固定式圆头钩形扳手

**2. 挡圈钳**

用于拆装弹性挡圈。根据挡圈安装部位的不同，挡圈钳可分为孔用和轴用两种，根据挡圈钳形状的不同，可分为直嘴式和弯嘴式。

轴用挡圈钳（图1-5）和孔用挡圈钳（图1-6）的主要区别：轴用挡圈钳是拆装轴用弹簧的专用工具，手把握紧时钳口是张开的；孔用挡圈钳是拆装孔用弹簧挡圈的专用工具，手把握紧时钳口是闭合的。

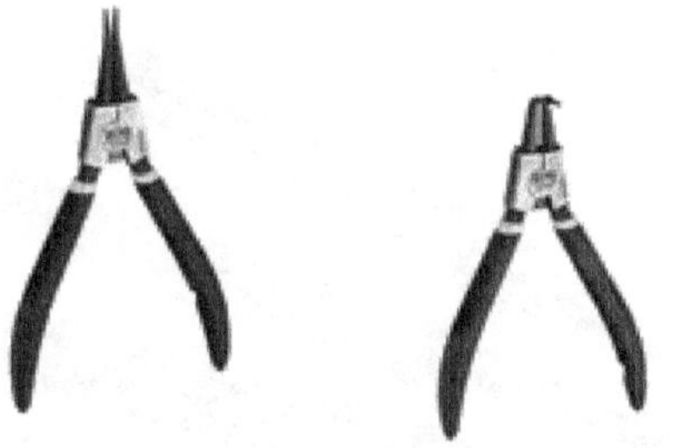

图 1-5　轴用挡圈钳

图 1-6　孔用挡圈钳

**3. 弹性锤子**

（1）铜锤　铜锤如图 1-7 所示。这种锤子用于拆卸轴端装置及规格较小的滚动轴承等。锤头一般用黄铜制成，如果用青铜或纯铜则更好。

（2）大木锤　大木锤用硬木制成，两端由铁箍紧固，如图 1-8 所示。这种锤子用于装拆车床、铣床主轴，镗床的主轴套筒等较大的零部件。

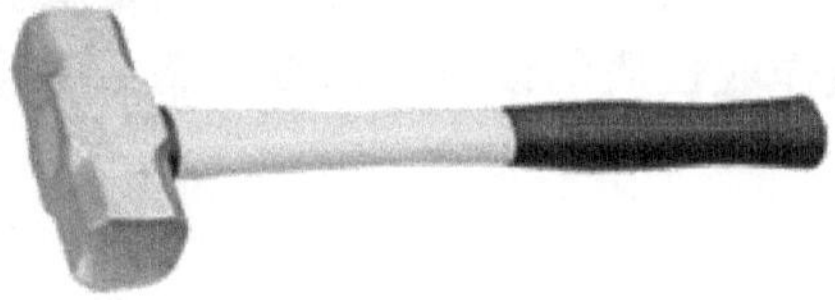

图 1-7　铜锤

图 1-8　大木锤

**4. 拉卸工具**

在拆卸装在轴上的滚动轴承、带轮或联轴器等零件时，采用拉卸工具(俗称拉头)拉的方法较好，特别是在部件尺寸较大而无法在压床上压的情况下更为方便。拉卸工具分为螺杆式及液压式两类。

（1）螺杆式顶拔器　螺杆式顶拔器有两爪式、三爪式和铰链式三种，其钩爪能够移动调节，还可以反向由拉外环改为拉内环。图 1-9 所示为螺杆三爪式顶拔器，用它拆卸轴承时，调节拉钩作用于轴承内圈，通过手柄转动螺杆，使螺杆下部紧顶轴端，即可将滚动轴承从轴上拉出来。

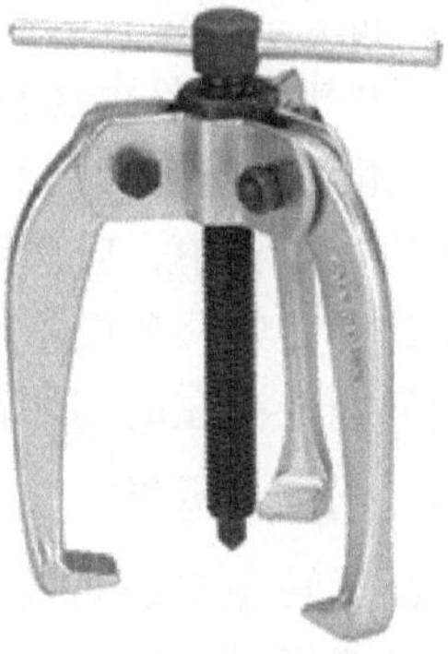

图 1-9　螺杆三爪式顶拔器

（2）液压式顶拔器　液压式顶拔器一般有两个部件：一个部件为液压泵部分，另一个部件为液压缸拉弓部分，其间用高压软管进行连接。液压泵部分的结构分为手揿式、脚踏式及电动式三种。图 1-10 所示为手揿式液压顶拔器。液压或拉卸工具的机械效率为 15%～60%，如在踏脚或揿杆上施以 100N 的力，则液压缸的顶力可达 1500～6000N。

**5. 销子冲头**

销子冲头(图 1-11)是拆卸连接轴套中销子的专用工具，用 T8A 钢制成，冲头头部

15~40mm 处的淬火硬度为 45~52HRC，尾部 15~25mm 处的淬火硬度为 32~42HRC。

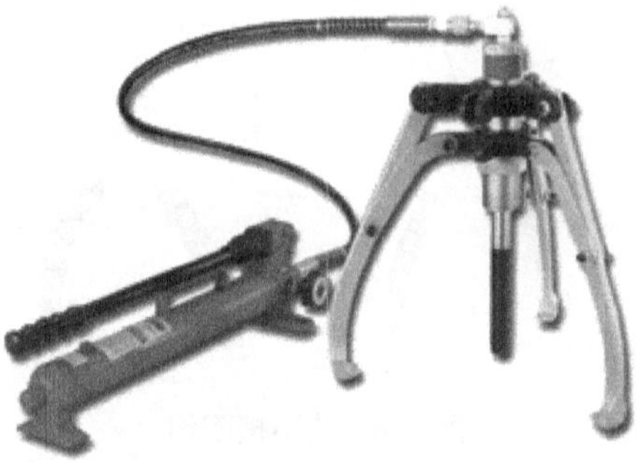

图 1-10　手撳式液压顶拔器

图 1-11　销子冲头

## 四、拆前检查

拆前检查主要是通过检查机械设备在静态与动态下的状况，明确设备的精度丧失程度和机能损坏程度。

**1. 机械设备的精度状态**

机械设备的精度状态主要是指设备运动部件主要几何精度的精确程度。对于金属切削机床，精度状态反映了设备的加工性能；对于具有机械作业性质的设备，精度状态主要反映了机件的磨损程度。

**2. 机械设备的机能状态**

机械设备的机能状态是指设备能完成各种功能动作的状态，主要包括五项内容。

1）传动系统是否运转正常、变速齐全。

2）操作系统动作是否灵敏可靠。

3）润滑系统是否装置齐全、管道是否完整、油路是否畅通。

4）电气系统是否运行可靠、性能灵敏。

5）滑动部位是否运转正常，各滑动部位有无严重的拉、研、碰伤及裂纹损坏。

在检查过程中，应确定机械设备的每项机能是受到严重损坏，还是受到一般损坏；其主要机能是否完好，如设备能满足生产工艺要求，运行可靠等，能达到出厂水平。必须对具体存在的问题及潜在的问题都进行整理登记。

## 五、诊断运转

诊断运转主要是通过空载运转和负载运转，诊断机械设备在使用中存在的重点问题。应结合操作者提供的情况、日常操作记录、检修零件更换表、事故分析和日常维修档案等进行故障诊断。

**1. 空载运转诊断**

空载运转诊断时，主要由人的感官通过听、视、嗅、触诊断设备故障，其主要内容如下。

1）通过设备齿轮箱中传动齿轮的异常噪声进行诊断。

2）判断轴承旋转部位或滑动部件发热的原因。

3）判断设备产生振动的主要原因。

4）查找润滑、液压系统的漏油情况。

5）对机械构件产生运动障碍的原因进行判断。

**2．　负载运转诊断**

负载运转诊断是指通过加工工件判断机床的有关零件，如导轨、轴承等的磨损情况，以及由装配不当引起的精度性故障的具体原因。

**3．　试验性运转诊断**

试验性运转诊断是为了从产生故障的许多可能原因中，准确判断故障产生的位置及主要原因，而采用试验方法进行的诊断，它具有简单易行的待点。在实际工作中，常用的试验诊断方法有隔离法、替换法、对比法、试探法、测量法和综合法。

## 六、制订修理方案

1）根据故障诊断、故障分析及零部件的磨损情况，确定设备需要拆卸的部位及修理范围，确定设备需要更换的主要零部件，尤其是铸件、外协件及外购件。

2）制订需要进行修理的主要零件的修理工艺。

3）制订零部件的装配与调整工艺方案。

4）根据设备的现状与修理条件，确定设备修复的质量标准。

## 【任务实施】

## 一、设备零件拆卸的一般原则

1）首先必须熟悉设备的技术资料和图样，弄懂机械传动原理，掌握各个零部件的结构特点、装配关系以及定位销、轴套、弹簧卡圈、锁紧螺母、紧定螺钉等的位置和退出方向。

2）机械设备的拆卸程序要坚持与装配程序相反的原则。在切断电源后，先拆外部附件，再将整机拆成部件总成，最后全部拆成零件，按部件归类放置。

3）在拆卸轴孔装配件时，通常应该坚持用多大的力装配，基本上就用多大的力拆卸的原则。如果出现异常情况，应查找原因，防止在拆卸中将零件碰伤、拉毛，甚至损坏。热装零件要利用加热来拆卸，如热装轴承可用热油加热轴承内圈进行拆卸。拆卸滑动部件时，要考虑滑动面间油膜的吸力。一般情况下，拆卸过程中不允许进行破坏性拆卸。

4）拆卸大型零件时要坚持慎重、安全的原则。拆卸过程中要仔细检查紧定螺钉及压板等零件是否已拆开。吊挂时，必须粗估零件重心位置，合理选择直径适宜的吊挂绳索及吊挂受力点，注意受力平衡，防止零件摆晃，避免吊挂绳索脱开与折断等事故的发生。

5）要坚持拆卸服务于装配的原则。如果被拆卸设备的技术资料不全，则必须对拆卸过程作必要的记录，以便安装时遵照“先拆后装”的原则重新装配。在拆卸过程中，为防止搞乱关键件的装配关系和配合位置，避免重新装配时精度降低，应该在装配件上用划针作出明显标记。拆卸下来的轴类零件应该悬挂起来，以防止其弯曲变形。精密零件要单独存放，避免损坏。

## 二、变速箱拆卸任务实施

结合多媒体演示拆卸过程，完成多级变速箱的拆卸。

1）拆卸变速箱上封盖 60、62、63，如图 1-12 所示。

2）拆卸两滑块 56，齿轮拨叉 50、51，滑动轴 55，如图 1-13 所示，注意拆卸拨叉内弹簧顶住的滚珠不要遗失。

图 1-12　拆卸件 60、62、63

图 1-13　拆卸件 56、50、51、55

3）拆卸花键导向轴左闷盖 27，如图 1-14 所示。拆卸过程中注意内六角圆柱头螺钉的拆卸顺序。

4）拆卸花键导向轴右端圆螺母 32，取下轴承座套用透盖 39，取出固定端轴承内圈预紧套筒 31，如图 1-15 所示。注意：拆卸过程中圆螺母不要歪斜。

图 1-14　拆卸件 27

图 1-15　拆卸件 32、39、31

5）向右移出花键轴，如图 1-16 所示，注意：不要忘记拆卸尾端卡簧。

6）移出花键轴，取出滑移齿轮组 30，取出轴承座套 42，取出固定端轴承 49，如图 1-17 所示。注意拆卸过程中角接触轴承不要散架。

图 1-16　拆卸花键轴

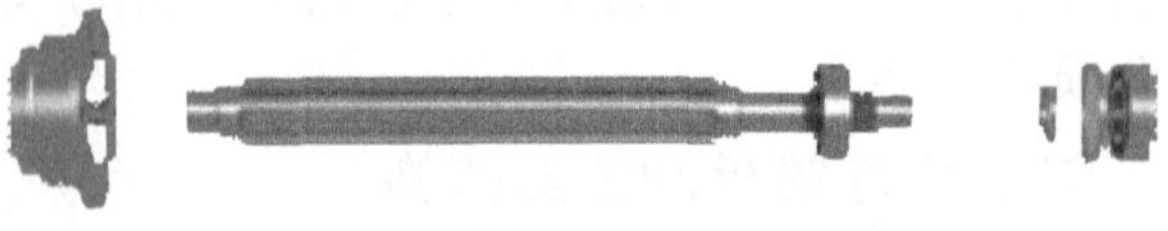

图 1-17　拆卸件 30、42、49

7）取出游离端轴承 10，如图 1-18 所示。注意拆卸过程中不要敲击到滚珠轴承油封。

8）拆卸另一花键导向轴，方法同上。

9）拆卸主轴右闷盖 36，如图 1-19 所示。

图 1-18　拆卸件 10

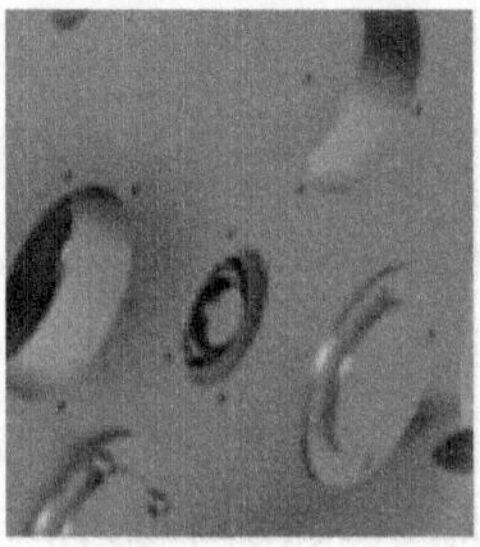

图 1-19　拆卸件 36

10）拆卸主轴左端圆螺母 25，取下轴承座套用透盖 39，如图 1-20 所示。

11）向左移动主轴，右移圆螺母 32 和固定齿轮 34，取下主轴上右侧键，如图 1-21 所示。注意先敲击轴向固定端，留出余量。

图 1-20　拆卸件 25、39

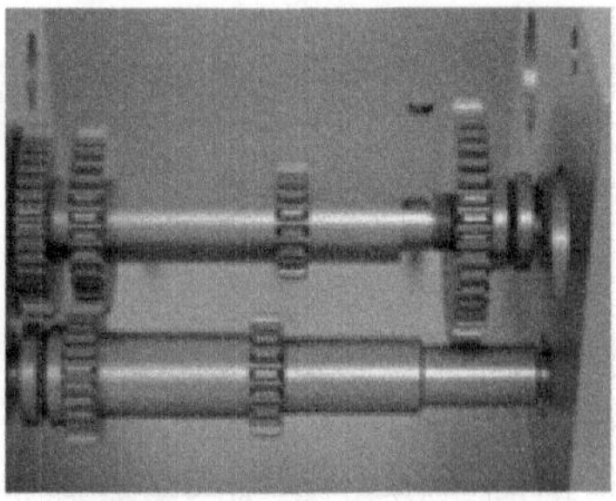

图 1-21　取下主轴上右侧键

12）左移齿轮套筒 38 和固定齿轮 35，取下键，如图 1-22 所示。

13）左移齿轮套筒 19 和固定齿轮 23，取下键，如图 1-23 所示。

图 1-22　左移件 38、35，取下键

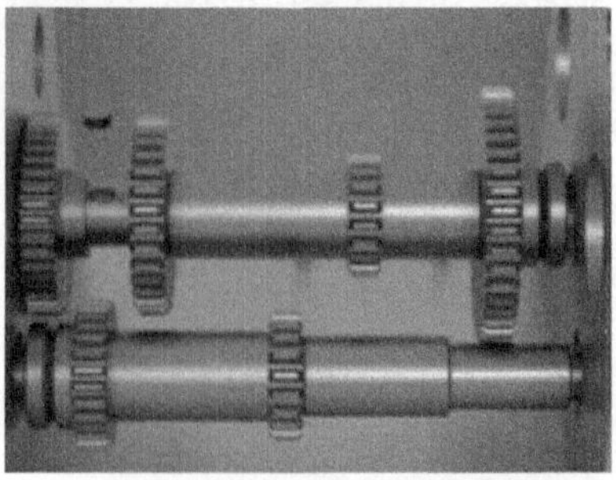

图 1-23　左移件 19、23，取下键

14）左移齿轮套筒 22 和固定齿轮 16，取下键，如图 1-24 所示。

15）分次向左移动主轴、轴承座套，在右侧分别取出圆螺母，固定齿轮、齿轮套筒，如图 1-25 所示。注意敲击主轴不要过重，以防主轴飞出。

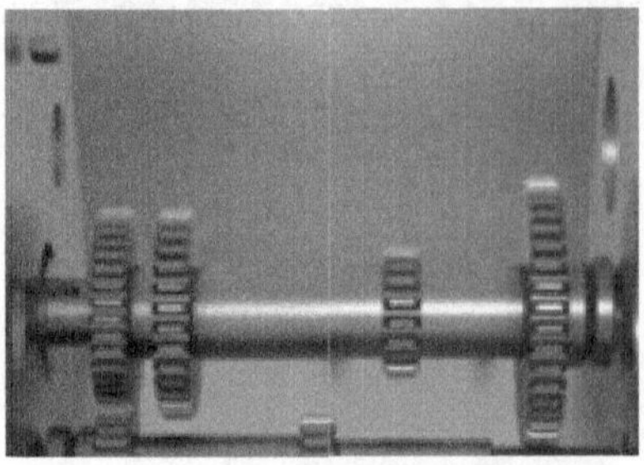

图 1-24　左移件 22、16，取下键

图 1-25　取出圆螺母，固定齿轮、齿轮套筒

16）移出整根主轴，取出齿轮挡圈、齿轮座套、固定端轴承、固定端轴承挡圈，取出左端游动端轴承，如图 1-26 所示，注意把拆下的零件按顺序放好。

17）拆卸固定轴 26 的右、左端闷盖，如图 1-27 所示。

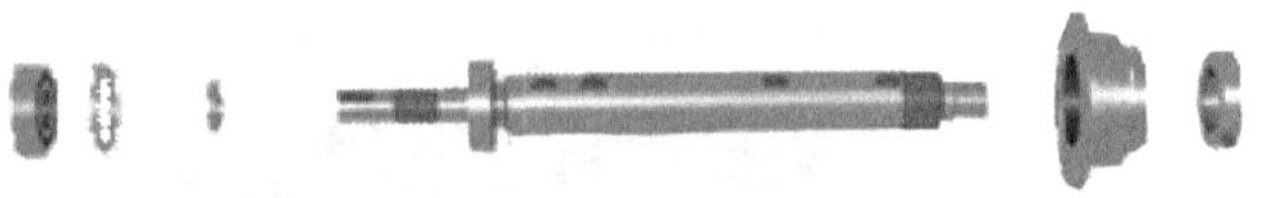

图 1-26　移出整根主轴

图 1-27　拆卸件 26 的右、左端闷盖

18）右移固定轴 26，如图 1-28 所示。注意拆卸时不要遗漏固定端卡簧。

19）把固定齿轮 34 和 29 从固定轴上拆下，如图 1-29 所示。注意敲击不要过重，以防固定轴飞出。

20）拆卸固定轴 26 上的游离端轴承，拆下固定端轴承，如图 1-30 所示。注意拆卸时使用专用工具在箱体外拆卸。

图 1-28　右移件 26

至此，即完成了变速箱的拆卸。

图 1-29　拆卸件 34、29

图 1-30　拆卸游离端轴承和固定端轴承

## 【任务评价】

理论知识主要通过学生作业形式进行个人评价、小组互评和教师评价。实践操作则通过项目任务，根据学生的完成情况进行评价，见表 1-2。

**表 1-2　任务评价记录表**

| 评价项目 | 评价内容 | 分值 | 个人评价 | 小组互评 | 教师评价 | 得分 |
| --- | --- | --- | --- | --- | --- | --- |
| 理论知识 | 了解变速箱的结构 | 10 | | | | |
| | 掌握变速箱拆卸方法 | 10 | | | | |
| | 熟悉变速箱拆卸工具 | 10 | | | | |
| 实践操作 | 学会使用变速箱拆卸工具 | 10 | | | | |
| | 学会变速箱的拆卸步骤 | 15 | | | | |
| | 学会拆卸后零件的正确摆放方法 | 15 | | | | |
| 操作规范 | 遵守操作规程 | 5 | | | | |
| | 职业素质规范化的养成 | 5 | | | | |
| 学习态度 | 考勤情况 | 5 | | | | |
| | 遵守学习纪律 | 5 | | | | |
| | 团队合作 | 10 | | | | |
| 合　计 | | 100 | | | | |
| 成果分享 | 收获 | | | | | |
| | 不足 | | | | | |
| | 改进措施 | | | | | |

## 【思考与练习】

1. 简述机械设备通常的拆卸顺序。
2. 在机械设备的拆装操作中，对拆卸下来的零件有何摆放要求？
3. 变速箱拆前检查应注意哪些问题？
4. 写出变速箱部件的装配和拆卸工艺及其使用的工具、量具。

# 任务二　轴承的安装与调整

## 【教学目标】

教学目标：正确安装和调整轴承。

促成教学目标：

1）了解轴承的分类。

2）能进行滚动轴承间隙的调整。

3）能进行滚动轴承的预紧。

4）能进行滚动轴承的装配。

【工作任务】

1）预紧滚动轴承。

2）清洗滚动轴承。

3）装配滚动轴承。

【任务分析】

## 一、滚动轴承安装要点

滚动轴承广泛应用于各种机械设备上，因此在工作中经常需要进行各种轴承的拆卸和装配，而轴承安装得好坏与否，将直接影响轴承的精度、使用寿命和性能。轴承的制造精度高，因此对安装也有很高的要求，特别是在精度高、载荷大的使用环境中，其安装质量尤为重要。

## 二、工作准备

1）熟悉图样和零件清单、装配任务。

2）检查零件的完备情况。

3）选择合适的工具、量具，见表1-3。

**表1-3 滚动轴承装调工具、量具**

| 序 号 | 名 称 | 型号及规格 | 数 量 |
|---|---|---|---|
| 1 | 机械装调技术综合实训装置 | THMDZT—1型 | 1套 |
| 2 | 游标卡尺 | 300mm | 1把 |
| 3 | 深度游标卡尺 | | 1把 |
| 4 | 内六角扳手 | | 1套 |
| 5 | 橡胶锤 | | 1把 |
| 6 | 垫片 | | 若干 |
| 7 | 套筒 | | 1个 |
| 8 | 防锈油 | | 若干 |
| 9 | 纯铜棒 | | 1根 |
| 10 | 一字螺钉旋具 | | 1把 |
| 11 | 零件盒 | | 2个 |

【相关知识】

**1. 滚动轴承的组成和分类**

滚动轴承通常由外圈1、内圈2，滚动体3和保持架4四个部分组成，如图1-31所示。内圈的外面和外圈的里面都有供滚动体滚动的滚道。内圈与轴颈配合，外圈与轴承座或机座配合。通常是内圈随轴颈旋转，外圈不转(如机床主轴)；也可以是外圈旋转而内圈不转(如车轮)。保持架用于减少滚动体间的摩擦，起隔开分离作用。滚动轴承具有摩擦阻力小、效率高、轴向尺寸小、装拆方便等优点，是机器中的重要部件之一。

滚动体的形状有滚珠、圆柱滚子、滚针、圆锥滚子和球面滚子等，如图1-32所示。

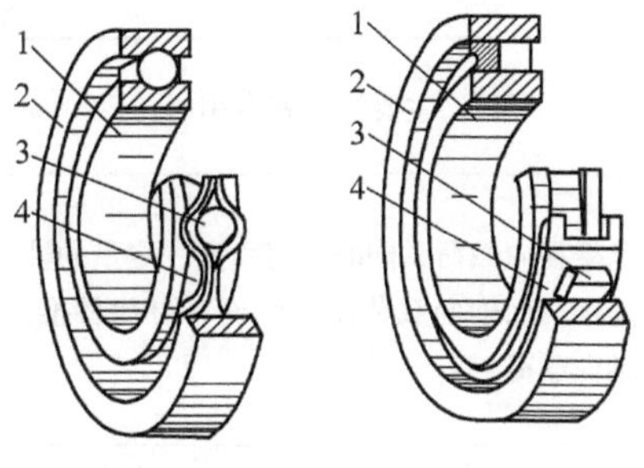


图 1-31　滚动轴承的组成

1—外圈　2—内圈　3—滚动体　4—保持架

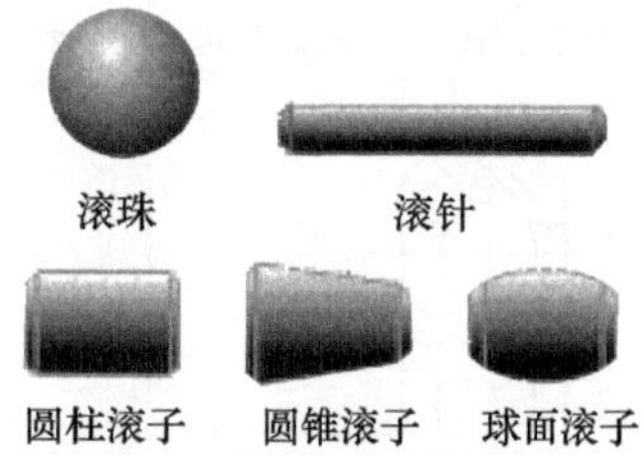


图 1-32　滚动体的形状

常见滚动轴承的类型见表 1-4。

滚动轴承属于标准件，其内孔和外径在出厂时均已确定。因此，轴承的内径与轴的配合应为基孔制，外径与轴承座孔的配合应为基轴制。

**表 1-4　常见滚动轴承的类型**

| 轴承名称<br>类型代号 | 结构简图 | 承载方向 | 极限转速 | 允许偏位角 | 主要特性和应用 |
|---|---|---|---|---|---|
| 调心球轴承<br>1 |  |  | 中 | 2°~3° | 主要承受径向载荷，同时也能承受少量的轴向载荷<br>因为外圈滚道表面是以轴承中点为中心的球面，故能调心<br>允许偏转角为在保证轴承正常工作条件下，内、外圈轴线间的最大夹角 |
| 调心滚子<br>轴承 2 | 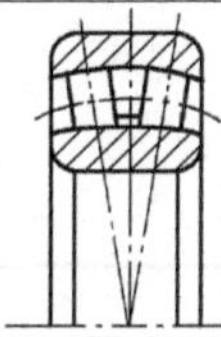 | 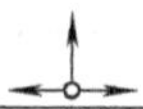 | 低 | 0.5°~2° | 能承受很大的径向载荷和少量轴向载荷，承载能力较大<br>滚动体为鼓形，外圈滚道为球面，因而具有调心性能 |
| 推力调心<br>滚子轴承<br>2 | 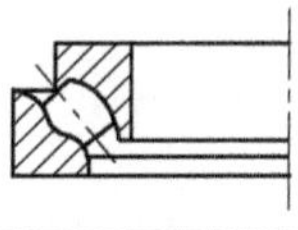 | 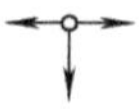 | 低 | 2°~3° | 能同时承受很大的轴向载荷和不大的径向载荷<br>滚子呈腰鼓形，外圈滚道是球面，故能调心 |
| 圆锥滚子<br>轴承 3 | 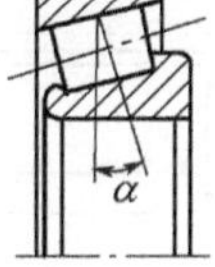<br>$\alpha$ |  | 中 | 2′ | 能同时承受较大的径向、轴向联合载荷，因为是线接触，承载能力大于“7”类轴承<br>内、外圈可分离，装拆方便，成对使用 |
| 推力球轴承<br>5 | 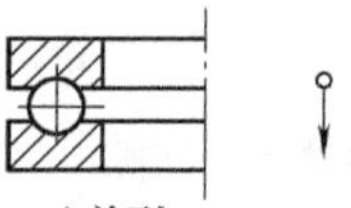<br>a) 单列<br>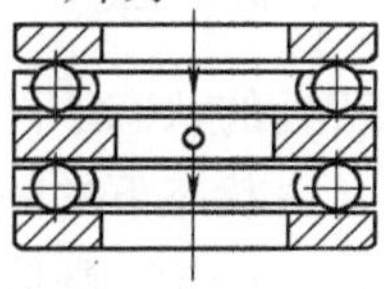<br>b) 双列 | | 低 | 不允许 | 只能承受轴向载荷，而且载荷作用线必须与轴线相重合，不允许有角偏差<br>具体有两种类型<br>单列——承受单向推力<br>双列——承受双向推力<br>高速时，因滚动体离心力大，球与保持架摩擦发热严重，寿命降低，故仅适用于轴向载荷大、转速不高之处<br>紧圈内孔直径小，装在轴上；松圈内孔直径大，与轴之间有间隙，装在机座上 |

（续）

| 轴承名称<br>类型代号 | 结构简图 | 承载方向 | 极限转速 | 允许偏位角 | 主要特性和应用 |
|---|---|---|---|---|---|
| 深沟球<br>轴承 6 | 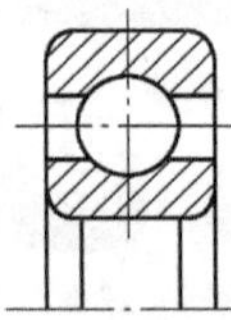 | 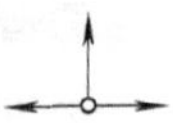 | 高 | 8′~16′ | 主要承受径向载荷，同时也可承受一定量的轴向载荷<br>当转速很高而轴向载荷不太大时，可代替推力球轴承承受纯轴向载荷 |
| 角接触球<br>轴承 7 | 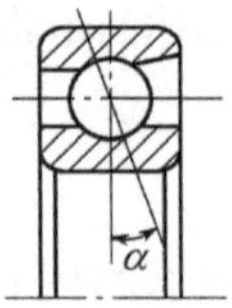 |  | 较高 | 2′~10′ | 能同时承受径向、轴向联合载荷，公称接触角越大，轴向承载能力也越大<br>公称接触角 α 有 15°、25°、40°三种，内部结构代号分别为 C、AC、和 B。通常成对使用，可以分装于两个支点或同装于一个支点上 |
| 圆柱滚子<br>轴承 N | 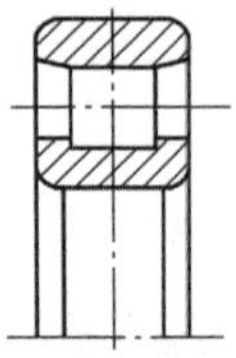 |  | 较高 | 2′~4′ | 能承受较大的径向载荷，不能承受轴向载荷<br>因是线接触，内、外圈只允许有极小的相对偏转<br>轴承内、外圈可分离 |
| 滚针轴承<br>NA | 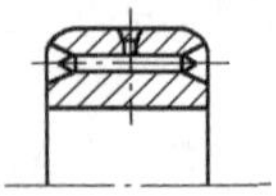<br>a)<br>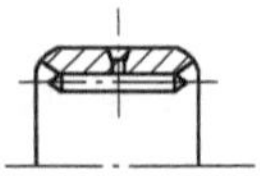<br>b) |  | 低 | 不允许 | 只能承受径向载荷，承载能力大，径向尺寸很小，一般无保持架，因而滚针间有摩擦，轴承极限转速低<br>这类轴承不允许有角偏差<br>轴承内、外圈可分离<br>可以不带内圈 |

**2. 滚动轴承的间隙**

将轴承的一个套圈(内圈或外圈)固定，另一套圈沿径向或轴向的最大活动量便是间隙，如图 1-33 所示。滚动轴承间隙分径向间隙和轴向间隙两类。径向的最大活动量称为径向间隙，轴向的最大活动量称为轴向间隙。两类间隙之间存在正比关系：一般来说，径向间隙越大，则轴向间隙也越大；反之，径向间隙越小，则轴向间隙也越小。

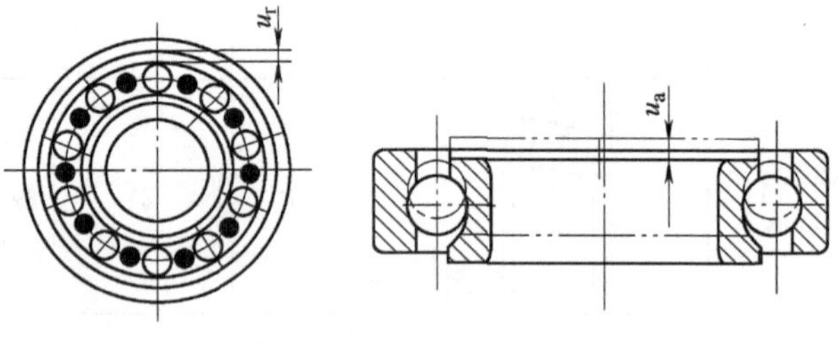

a)　　b)

图 1-33　滚动轴承的间隙
a）径向间隙　b）轴向间隙

（1）轴承的径向间隙　轴承径向间隙的大小，一般作为衡量轴承旋转精度的一项重要指标。由于轴承所处的状态不同，径向间隙分为原始间隙、配合间隙和工作间隙。原始间隙是轴承在未安装前自由状态下的间隙。配合间隙是轴承装配到轴上和轴承座内的间隙，其间隙大小由过盈量决定。工作间隙是轴承在工作时，因内、外圈的温度差而使配合间隙减小，又因工作负荷的作用，使滚动体与套圈产生弹性变形而使间隙增大。工作间隙一般大于配合间隙。

（2）轴承的轴向间隙　一些轴承由于结构上的特点或为了提高旋转精度，减小或消除径向间隙，必须在装配或使用过程中，通过调整轴承内、外圈的相对位置来确定其轴向间隙。

**3. 滚动轴承间隙的调整**

轴承间隙过大，将使同时承受负荷的滚动体数量减少，从而使轴承寿命降低。同时，还将降低轴承的旋转精度，引起振动和噪声，负荷有冲击时这种影响尤为显著。轴承间隙过小，则易引起发热和磨损，也会降低轴承的使用寿命。因此，按工作状态选择适当的间隙，是保证轴承正常工作、延长其使用寿命的重要措施之一。

轴承在装配过程中，控制和调整间隙的方法为先使轴承实现预紧，间隙为零，再将轴承的内圈或外圈作适当的相对轴向位移，其位移量即为轴向间隙值。

**4. 滚动轴承的预紧**

在装配角接触球轴承或深沟球轴承时，如果给轴承内、外圈以一定的轴向负荷，则内、外圈将发生相对位移，消除了内、外圈与滚动体间的间隙，产生了初始的弹性变形，从而提高了轴承的旋转精度和使用寿命，减少了轴的振动。

（1）轴承预紧的方法

1）用轴承内、外垫圈的厚度差实现预紧。图 1-34 所示为角接触球轴承，使用不同厚度的垫圈能得到不同的预紧力。同理，也可以用长短隔套来预紧，如图 1-35 所示。

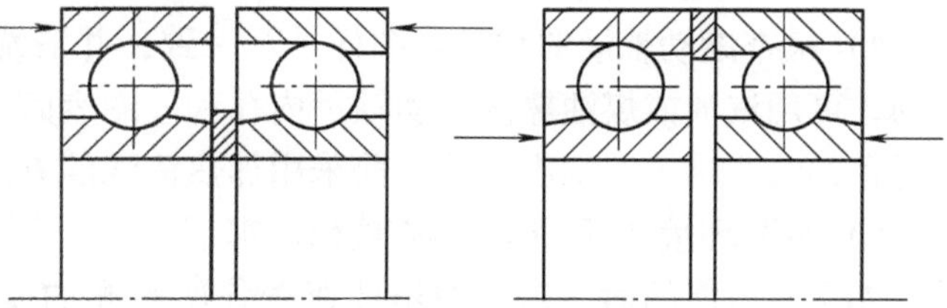

图 1-34　用垫圈预紧

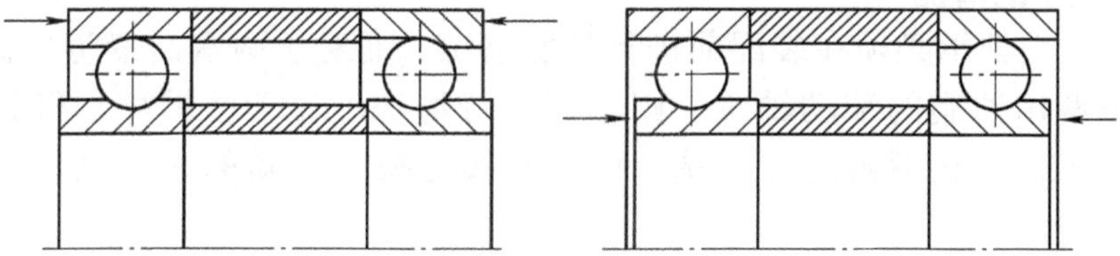

图 1-35　用长短隔套预紧

2）磨窄两轴承的内圈或外圈或用夹紧一对圆锥滚子轴承实现预紧。如图 1-36a、b 所示，当磨窄内圈或外圈时，即可实现预紧；图 1-36c 所示为夹紧一对圆锥滚子轴承来实现预紧。

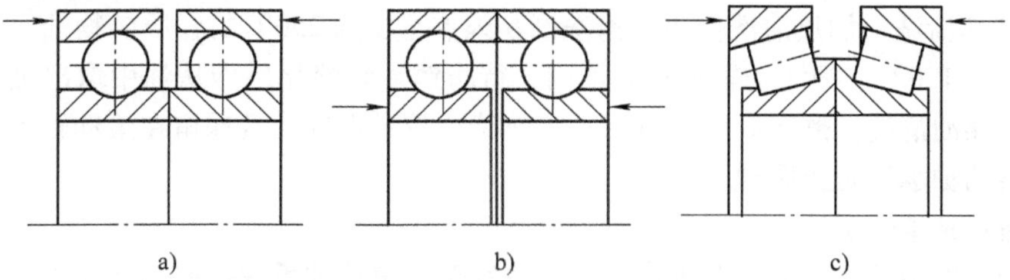

图 1-36　磨窄内圈或外圈预紧

a）磨窄外圈　b）磨窄内圈　c）夹紧一对圆锥滚子轴承

3）调节轴承锥形孔内圈的轴向位置实现预紧。拧紧螺母可以使锥形孔内圈向轴颈大端移动，从而使内圈的直径增大，形成预加负荷。

（2）轴承预紧的测量和调整　利用垫圈或隔套预紧时，必须先测出轴承在给定的预紧力下，其内、外圈的位移量，以确定垫圈或内、外隔套的厚度。在装配前，可用百分表、量块等量具测出位移量。

## 【任务实施】

**1. 滚动轴承装配前的准备工作**

滚动轴承是一种精密部件，认真做好其装配前的准备工作，对保证其装配质量和提高装配效率是十分重要的。

1）按图样要求检查与滚动轴承相配的零件，如轴颈、箱体孔、端盖等表面的尺寸是否符合图样要求，是否有凹陷、毛刺、锈蚀和固体微粒等。用汽油或煤油清洗，仔细擦净，然后涂上一层薄薄的油。

2）检查密封件是否正常并更换损坏的密封件，橡胶密封圈在每次拆卸时都必须更换。

3）在滚动轴承装配操作开始前，才能将新的滚动轴承从包装盒中取出，必须尽可能地使它们不受灰尘的污染。

4）检查滚动轴承的型号与图样是否一致，并清洗滚动轴承。如滚动轴承是用防锈油封存的，可用汽油或煤油擦洗滚动轴承内孔和外圈表面，并用软布擦净；对于用厚油和防锈油脂封存的大型轴承，则需在装配前采用加热清洗的方法清洗。

5）装配环境中不得有金属微粒、锯屑、沙子等脏物。最好在无尘环境中装配滚动轴承，如果不可能的话，则须用东西遮盖住所装配的设备，以保护滚动轴承免受周围灰尘的污染。

**2.　滚动轴承的清洗**

使用过的滚动轴承必须在装配前进行彻底清洗，而对于两端面带防尘盖、密圈或涂有防锈和润滑两用油脂的滚动轴承，则不需进行清洗。对于已损坏、很脏或塞满碳化油脂的滚动轴承，一般不再进行清洗，而是直接更换一个新的滚动轴承，这样更为经济与安全。

滚动轴承的清洗方法有两种：常温清洗和加热清洗。

（1）常温清洗　常温清洗是用汽油、煤油等油性溶剂清洗滚动轴承。清洗时要使用干净的清洗剂和工具，首先在一个大容器中进行清洗，然后在另一个容器中进行漂洗。干燥后立即用油脂或油涂抹滚动轴承，并采取保护措施防止灰尘污染滚动轴承。

（2）加热清洗　加热清洗使用的清洗剂是闪点至少为250℃的轻质矿物油，清洗时，油必须加热至约120℃。把滚动轴承浸入油内，待防锈油脂溶化后即从油中取出轴承，冷却后再用汽油或煤油清洗，擦净后涂油待用。加热清洗效果很好，且保留在滚动轴承内的油还能起到保护滚动轴承和防止腐蚀的作用。

**3.　滚动轴承的防护**

轴上的一些滚动轴承的装配程序往往比较复杂，滚动轴承往往要暴露在外界环境中很长时间以进行自然时效处理，从而可能破坏以前的保护措施。因此，在装配这类滚动轴承时，要对其采取相应的保护措施。

1）用防油纸或塑料薄膜将机器完全罩住是最佳的保护措施。如果不能完全罩住，则可以将暴露在外的滚动轴承单独遮住。如果没有防油纸或塑料薄膜，则可用软布将滚动轴承紧紧地包裹住以防止灰尘进入。

2）用纸板、薄金属片或塑料制成的圆板可以有效地保护滚动轴承。这类圆板可以按尺寸定做并安装在壳体中，但需要给已安装好的滚动轴承涂上油脂并保证它们不与圆板接触，且拿掉圆板的时候，要擦掉最外层的油脂并涂上相同数量的新油脂。在剖分式壳体中，可以将圆板放在凹槽中作密封用。

3）对于整体式的壳体，最佳的保护方法是用一个螺栓穿过圆板中间，将圆板固定在壳体孔两端。当采用木制圆板时，由于木头中的酸性物质会对轴承产生腐蚀作用，因此这些木制圆板不能直接与壳体中的滚动轴承接触，可在接触面之间放置防油纸或塑料纸。

**4. 滚动轴承的装配方法**

滚动轴承的装配方法应根据轴承的结构、尺寸大小和轴承部件的配合性质而定，装配时应注意如下几点。

（1）施力面　将轴承安装在轴心时，应在内环施力；将轴承安装于轴承壳时，则应在外环施力，如图 1-37 所示。注意：安装在轴心时，不可以敲打外环；安装于轴承壳时，不得敲打内环。否则会使轨道面产生伤痕而造成噪声与早期剥离破损。

（2）施力方法　对轴承施力时，力量应垂直且均匀而下，偏打会对轴承造成损伤，如图 1-38 所示。此外，不可对轴承的保持器及密封板施力。

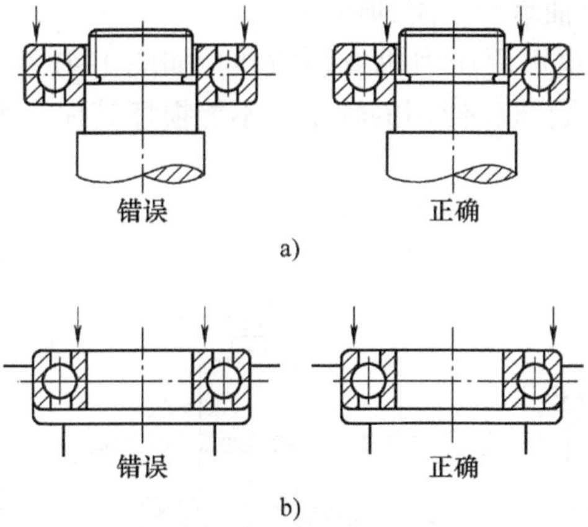


图 1-37　滚动轴承安装时的施力面

a）安装在轴心时　b）安装在轴壳时

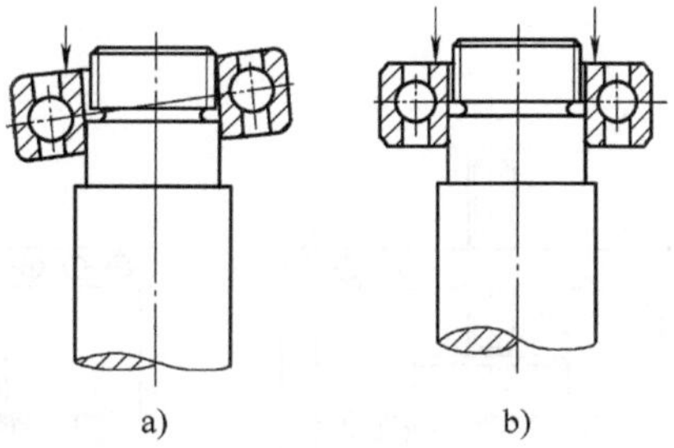


图 1-38　滚动轴承安装时的施力方法

a）错误　b）正确

（3）使用锤子与套管安装　使用锤子与套管安装滚动轴承，是一种常用方法，为避免损坏轴承，切忌用锤子直接敲打轴承。应将套管放置在中间，用锤子轻轻敲打，如图 1-39 所示。

（4）圆柱孔滚动轴承的装配

1）内圈与轴为紧配合时，应先将轴承安装到轴上，然后安装到轴承座孔中。

2）外圈与孔为紧配合时，应先将轴承压入座孔中，再装轴。

3）内、外圈均为紧配合时，须同时压入，压入时应使用垫板，力量应同时施加于内、外圈。若只对内圈加力压入，则力量会通过滚珠而压入外圈，从而对轨道面造成伤痕，如图1-40所示。

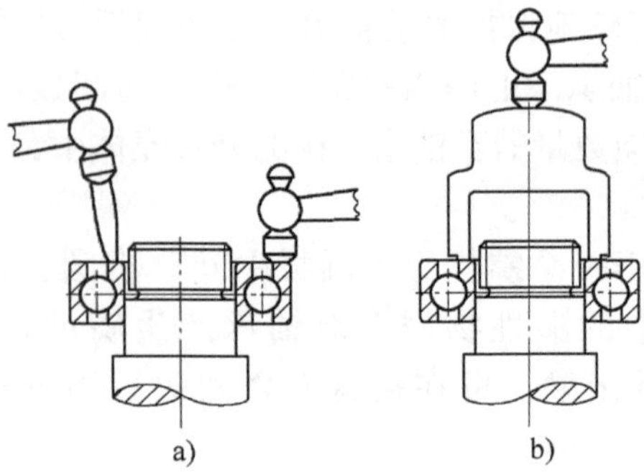


图1-39 用锤子与套管安装滚动轴承
a）错误 b）正确

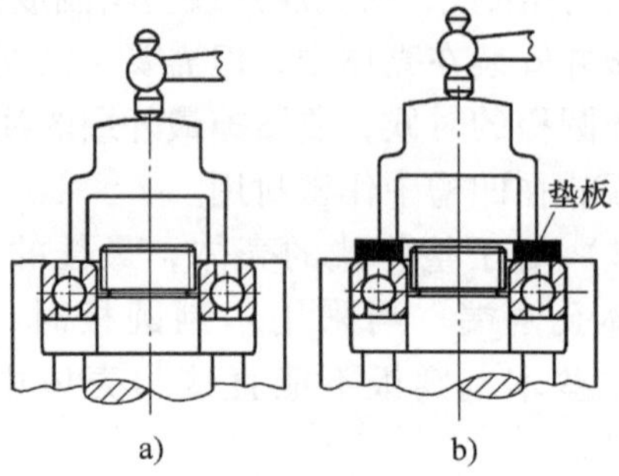


图1-40 内、外圈均为紧配合时的安装
a）错误 b）正确

**5. 滚动轴承装拆时的注意事项**

1）轴承装配在轴上和座孔中后不能歪斜。

2）滚动轴承上标有代号的端面应装在外侧，以便于修理更换。

3）装配后，轴承运转应灵活，无噪声，无急剧升温现象。

4）在装拆滚动轴承的过程中，应严格保持清洁度，防止杂物进入轴承和座孔内。

5）为了保证滚动轴承工作时有一定的热胀余地，同轴的两个轴承中，必须有一个轴承的外圈可以在热胀时产生轴向移动，以避免对轴或轴承产生附加应力。

6）拆下滚动轴承时，可用软金属棒和锤子，也可用压力机或顶拔器，如图1-41所示。拆卸时严禁将作用力加在滚动体上。对于拆卸后需要重新使用的轴承，不能损坏其配合表面和精度。

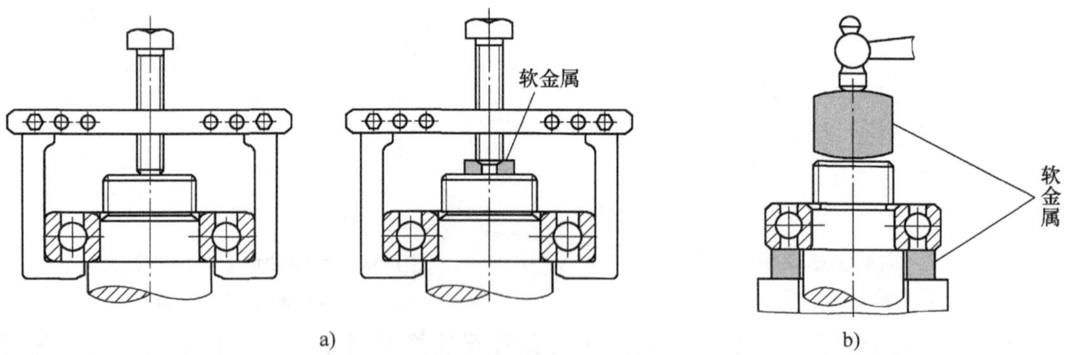


图1-41 滚动轴承的拆卸
a）错误 b）正确

## 【任务评价】

理论知识主要通过学生作业形式进行个人评价、小组互评和教师评价。实践操作通过项目任务，根据学生完成情况进行评价，见表1-5。

表 1-5　任务评价表

| 评价项目 | 评价内容 | 分值 | 个人评价 | 小组互评 | 教师评价 | 得分 |
|---|---|---|---|---|---|---|
| 理论知识 | 了解轴承的分类 | 10 | | | | |
| | 掌握滚动轴承的工作形式 | 10 | | | | |
| | 掌握滚动轴承的装调过程 | 10 | | | | |
| 实践操作 | 会对滚动轴承进行调整 | 10 | | | | |
| | 学会滚动轴承的装调 | 15 | | | | |
| | 掌握滚动轴承的装调步骤 | 15 | | | | |
| 操作规范 | 遵守操作规程 | 5 | | | | |
| | 职业素质规范化养成 | 5 | | | | |
| 学习态度 | 考勤情况 | 5 | | | | |
| | 遵守学习纪律 | 5 | | | | |
| | 团队合作 | 10 | | | | |
| 合　计 | | 100 | | | | |
| 成果分享 | 收获 | | | | | |
| | 不足 | | | | | |
| | 改进措施 | | | | | |

## 【思考与练习】

1. 滚动体的形状有哪些？
2. 简述轴承的预紧方法。
3. 简述滚动轴承的装配方法。
4. 简述滚动轴承装拆时的注意事项。
5. 简述滑动轴承的工作原理和工作特点。

# 任务三　圆柱齿轮的安装与调整

## 【教学目标】

教学目标：能够正确安装圆柱齿轮。

促成教学目标：

1）认识齿轮传动的组成和特点。

2）了解齿轮传动的装配技术要求和常见安装方法。

3）能正确地将圆柱齿轮安装到轴上。

4）能正确调整齿轮。

## 【工作任务】

1）安装前零件的清洗。

2）正确安装齿轮。

3）安装后的测量调整。

【任务分析】

## 一、读装配图，明确装配任务

读变速箱装配图(附图1)，图中件16、23、29、34、35为固定齿轮，件14、30为滑移齿轮组。本任务要求将以上齿轮正确装入轴中，并保证各齿轮能够正常工作。

## 二、工作准备单

为正确完成装配任务，需要准备表1-6中所列的工具、量具。

**表1-6　圆柱齿轮装调用工具、量具**

| 序　号 | 名　称 | 数　量 |
|---|---|---|
| 1 | 百分表及表座 | 1套/组 |
| 2 | 塞尺 | 1套/组 |
| 3 | 钢直尺 | 1套/组 |
| 4 | 齿轮径向跳动测量仪 | 1套 |
| 5 | 游标卡尺 | 1套/组 |
| 6 | 高度游标卡尺 | 1套/组 |
| 7 | 千分尺 | 1套/组 |
| 8 | 心棒 | 若干 |
| 9 | 纯铜棒 | 1套/组 |
| 10 | 螺旋压入工具 | 1套/组 |
| 11 | 套筒扳手 | 1套/组 |
| 12 | 红丹粉 | 若干 |
| 13 | 清洁布 | 若干 |
| 14 | 润滑油 | 若干 |
| 15 | 等高块 | 4块/组 |

【相关知识】

## 一、齿轮传动的特点

齿轮传动是机械中最常用的传动方式之一，它依靠轮齿间的啮合来传递运动和转矩。齿轮传动具有能保证准确的传动比、传递的功率和速度范围大、传动效率高、使用寿命长、结构紧凑、体积小等优点，因此在机床、汽车中得到了广泛应用。齿轮传动的缺点是传动噪声大、易产生冲击振动、不适宜远距离传动、制造成本较高。

## 二、齿轮传动装配的技术要求

对各种齿轮传动装置的技术要求是使用寿命长、换向时无冲击、噪声小、传动均匀和工作平稳等。为了达到上述要求，除机壳孔和齿轮必须达到规定尺寸和技术要求外，还必须保证装配质量，主要表现在以下方面。

1）保证准确的安装中心距和适当的齿轮侧隙。齿轮副齿侧间隙简称侧隙，是指齿轮副按规定安装后，其中一个齿轮固定时，另一个齿轮从工作齿面接触到非工作齿面接触所转过的齿宽中点节圆弧长，如图 1-42 所示。侧隙过小，则齿轮传动不灵活，热胀时会卡齿，从而加剧齿面磨损；侧隙过大，则换向时空行程大，易产生冲击和振动。

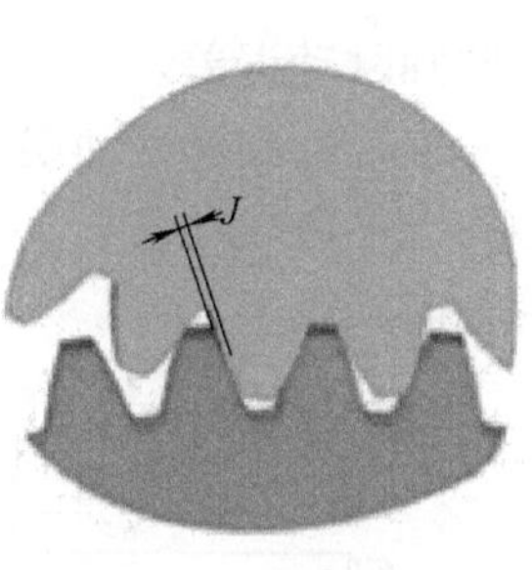

图 1-42　齿轮侧隙示意图

2）保证齿面有一定的接触面积和正确的接触部位。齿轮副的接触精度是用齿轮副的接触斑点和接触位置来评定的，相互啮合的两齿轮的接触斑点用涂色法或通过接触擦亮痕迹来检测。涂色法是将显示剂涂在主动齿轮上，来回转动该齿轮，根据从动齿轮齿面上斑点痕迹的形状、位置和大小来判断啮合质量。通过检测，可判断齿轮装配时产生误差的原因，如图 1-43 所示。接触擦亮痕迹检测是装配好的齿轮副在轻微的制动下运转后，齿面上分布的接触擦亮痕迹。

图 1-43　涂色法检测圆柱齿轮的啮合质量
a）正确　b）中心距过大　c）中心距过小　d）中心距歪斜

3）齿轮孔与轴配合要适当，紧固螺钉后齿轮不得有歪斜和偏心现象。

4）滑移齿轮在轴上应滑移自由，滑移变换位置准确。

5）对于转速高的大齿轮，将其装配在轴上后要做平衡试验，消除振动因素。

## 【任务实施】

圆柱齿轮的装配一般分两步进行：先把齿轮装在轴上，再把齿轮轴部件装入箱体中。

**1. 齿轮与轴的装配**

根据齿轮工作性质的不同，齿轮装在轴上可以是空转、滑移或固定连接。

在轴上空转或滑移的齿轮一般与轴为间隙配合，装配后的精度主要取决于零件本身的加工精度，这类齿轮装配较方便。装配后，空转齿轮在轴上不得有晃动现象；滑移齿轮不应有咬住和阻滞现象，且滑移定位要准确，啮合齿轮错位量不得超过规定值。

在轴上固定的齿轮与轴的配合多为过渡配合，有少量的过盈。当过盈量不大时，可用手工工具敲击装入；过盈量较大时可用压力机压装；对于过盈量很大的齿轮，则需采用液压套合的装配方法。压装齿轮时，要尽量避免齿轮轴线偏心、歪斜和端面未紧贴轴肩等安装误差，如图 1-44 所示。

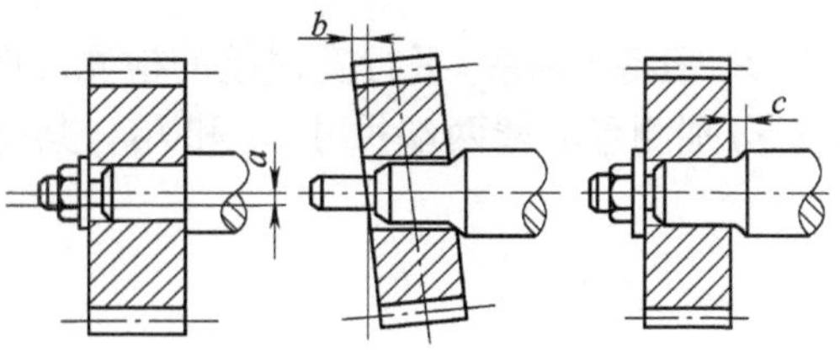

图 1-44　压装齿轮的常见装配误差
a）齿轮轴线偏心　b）齿轮轴线歪斜
c）齿轮端面未贴紧轴肩

齿轮在轴上装好后，对于精度要求高的齿轮，应检测其径向圆跳动和轴向圆跳动误差。

齿轮径向圆跳动误差的检测如图 1-45 所示。将齿轮轴架在 V 形铁或两顶尖上，使轴与平板平行，把圆柱规放在齿轮的齿向，将百分表的触头抵在圆柱规上读数，然后转动齿轮，每隔 3~4 齿检测一次。在齿轮旋转一周的过程中，百分表的最大读数与最小读数之差就是齿轮的径向圆跳动误差。

齿轮轴向圆跳动误差的检测如图 1-46 所示。齿轮轴一定要用顶尖顶住，并使百分表的触头抵在齿轮端面上。在齿轮旋转一周的过程中，百分表最大读数与最小读数之差即为齿轮的轴向圆跳动误差。

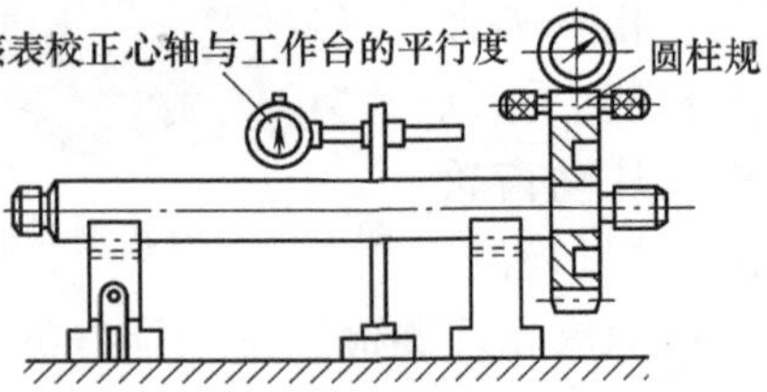

图 1-45 齿轮径向圆跳动误差的检测

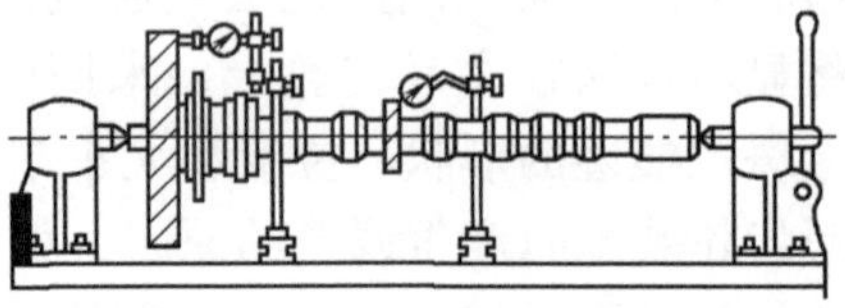
图 1-46 齿轮轴向圆跳动误差的检测

**2. 齿轮轴部件装入箱体**

将齿轮轴部件装入箱体中是影响齿轮啮合质量的关键步骤。齿轮的啮合质量包括适当的齿侧间隙、一定的接触面积和正确的接触位置。

齿侧间隙是齿轮装配后一对相互啮合的轮齿在非工作齿面之间留下的间隙。齿侧间隙过小，则齿轮转动不灵活，会加剧齿面磨损，甚至会因为齿轮受热膨胀或受力变形而卡齿；齿侧间隙过大，则会造成齿轮换向空程大，容易产生冲击和振动。

接触面积和接触位置是指一对啮合的轮齿的接触斑点大小及其在齿面的位置，它们直接影响齿轮的承载能力和工作寿命。

（1）齿轮轴部件装入箱体前的检测　齿轮啮合质量的好坏，除了与齿轮本身的制造精度，如齿轮公法线长度偏差（影响齿侧间隙）、齿形偏差（影响接触面积）有关以外，与箱体孔的尺寸精度、形状精度及相互位置精度等都有直接关系。所以，装配齿轮轴部件前一定要认真对箱体进行检测，检测项目如下。

1）安装中心距。相互啮合的一对齿轮的安装中心距是影响其齿侧间隙的主要因素，故安装中心距应在规定的公差范围内。安装中心距的检测如图 1-47a 所示，用游标卡尺分别测得 $d_1$，$d_2$、$L_1$、$L_2$，然后计算中心距 $A$

$$A = L_1 + \left(\frac{d_1}{2} + \frac{d_2}{2}\right) = L_2 - \left(\frac{d_1}{2} + \frac{d_2}{2}\right)$$

2）孔系（轴系）平行度误差的检测。图 1-47b 所示为齿轮安装孔中心线平行度误差的检测。分别测量心棒两端尺寸 $L_1$ 和 $L_2$，其差值就是两孔中心线的平行度误差。

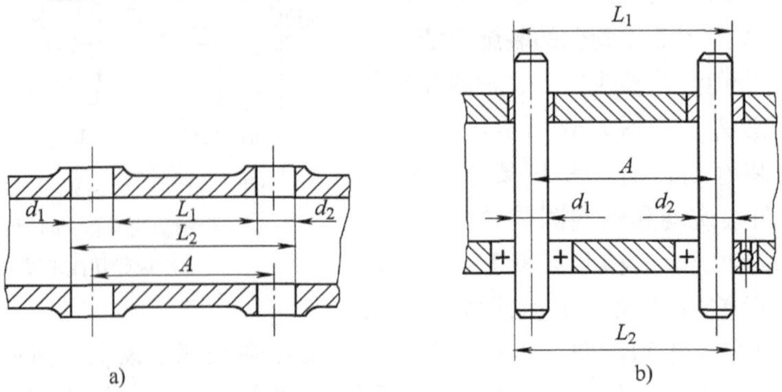

图 1-47 安装中心距与孔系平行度误差的检测

3）安装孔中心线与基面距离尺寸精度和平行度误差的检测。如图 1-48 所示，箱体基面用等高垫块支承在平板上，心棒与孔紧密配合。用高度游标卡尺（或量块和百分表）测量心棒两端尺寸 $h_1$ 和 $h_2$，则中心线与基面的距离 $h$ 为

$$h=\frac{h_1+h_2}{2}-\frac{d}{2}-a$$

平行度误差 $\Delta$ 按下式计算

$$\Delta=h_1-h_2$$

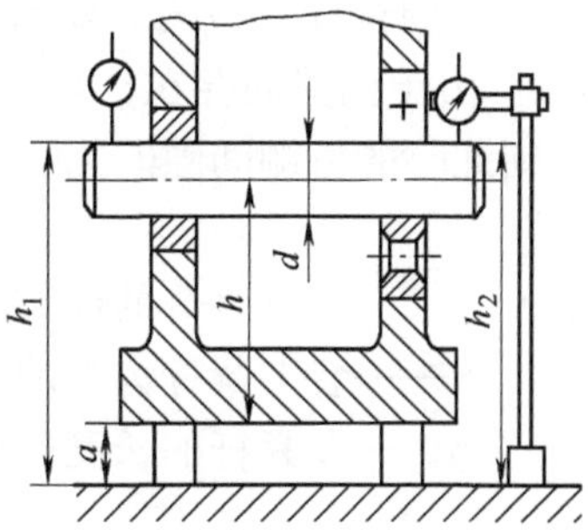


图 1-48　安装孔中心线与基面距离尺寸精度和平行度误差的检测

4）安装孔中心线与端面垂直度误差的检测。图 1-49 所示为常用的两种检测方法。图 1-49a 所示为将带圆盘的专用心棒插入孔中，用涂色法或塞尺检测孔中心线与端面的垂直度误差。图 1-49b 所示为用心棒和百分表检测垂直度误差，心棒转动一周，百分表读数的最大值与最小值之差即为孔中心线对端面的垂直度误差。如发现误差超过规定值，可用刮削端面的方法纠正。

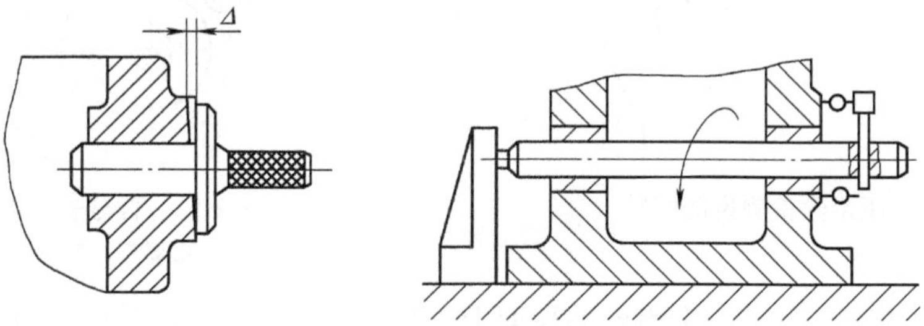


a)　　b)

图 1-49　安装孔中心线与端面垂直度误差的检测

5）安装孔中心线的同轴度误差按图 1-50 所示的方法进行检测。图 1-50 所示为成批生产时用专用检验心棒进行检测，心棒若能自由地推入几个孔中，则表明孔的同轴度合格。有不同直径的孔时，可用不同外径的检验套配合检测，以减少检验心棒的数量。

图 1-50b 所示为用百分表及心棒检测同轴度误差。将百分表固定在心棒上，转动心棒一周过程中，百分表最大读数与最小读数之差的一半即为同轴度误差。

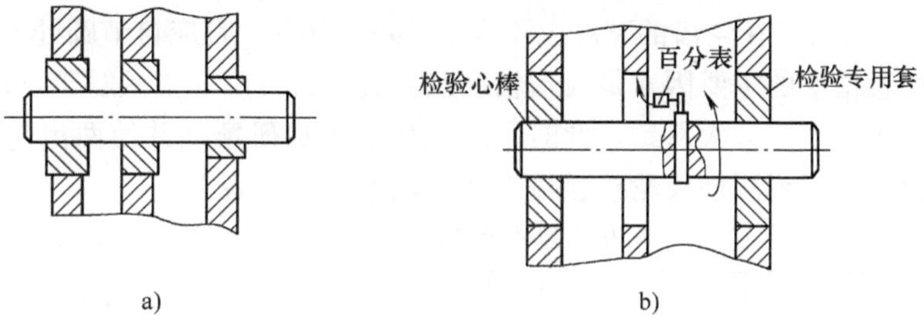


a)　　b)

图 1-50　安装孔中心线的同轴度误差的检测

（2）齿轮轴部件装入箱体后的检测

1）齿侧间隙的检测。

① 压铅丝检测法。如图 1-51 所示，在齿宽两端的齿面上平行放置两条铅丝（宽齿应放置 3~4 条），其直径不宜超过最小间隙的 4 倍。使齿轮啮合并挤压铅丝，铅丝被挤压后最薄处的尺寸即为齿侧间隙。

② 用百分表检测。如图 1-52 所示，测量时将一个齿轮固定，在另一个齿轮上装上夹紧杆 1。由于侧隙的存在，装有夹紧杆的齿轮便可摆动一定角度，从而在百分表 2 上得到读数 $c$，则此时的齿侧间隙 $C_n$ 为

$$C_n = cR/L$$

式中 $c$——百分表 2 的读数(mm)；

$R$——装夹紧杆齿轮的分度圆半径(mm)；

$L$——夹紧杆的长度(mm)。

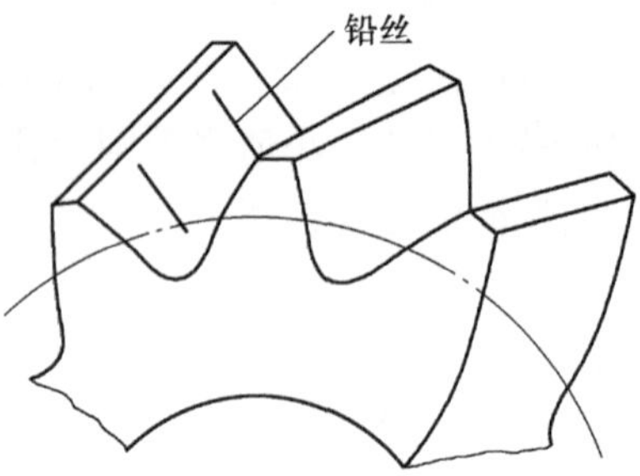

图 1-51 压铅丝检测齿侧间隙

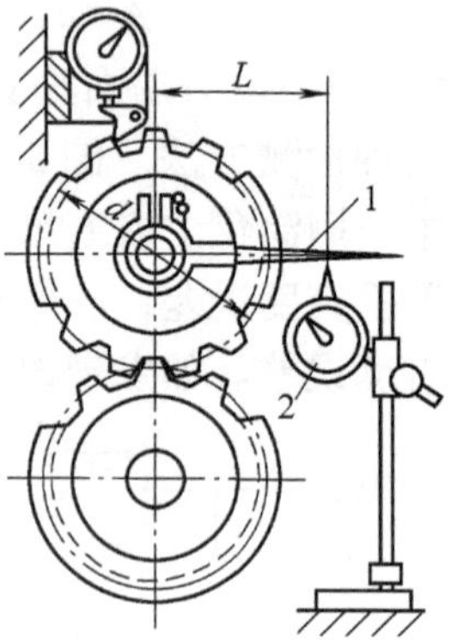

图 1-52 百分表检查齿隙

1—夹紧杆 2—百分表

也可将百分表直接抵在一个齿轮的齿面上，另一齿轮固定。将接触百分表触头的轮齿从一侧啮合迅速转到另一侧啮合，百分表的读数差值即为侧隙值。

侧隙与中心距偏差有关，而圆柱齿轮传动的中心距一般由加工保证。由滑动轴承支承时，可通过精刮轴瓦来调整侧隙。

2）接触精度的检测。衡量接触精度高低的主要指标是接触斑点，检测接触斑点一般用涂色法。将红丹粉涂于大齿轮齿面上，转动齿轮时被动齿轮应轻微制动。对于双向工作的齿轮传动，正、反两个方向都应进行检测。

齿轮上接触斑点面积的大小应该随齿轮精度而定。一般传动齿轮在轮齿的高度上，接触斑点不少于 30%~50%；在轮齿的宽度上不少于 40%~70%，且应自节圆处上下对称分布。

影响齿轮接触精度的主要因素是齿形精度及安装是否正确。当接触斑点位置正确而面积太小时，是由于齿形误差太大所致。此时，应在齿面上加研磨剂并使两齿轮转动进行研磨，以增加接触面积。渐开线圆柱齿轮接触斑点及其调整方法见表 1-7。

**表 1-7 渐开线圆柱齿轮接触斑点及其调整方法**

| 接触斑点 | 原因分析 | 调整方法 | 接触斑点 | 原因分析 | 调整方法 |
|---|---|---|---|---|---|
| 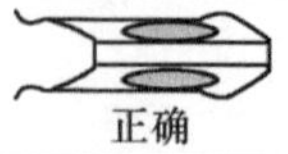 正确 | | | 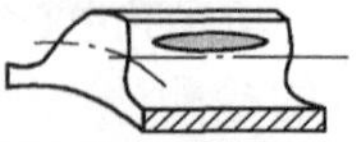 | 中心距太大 | 可在中心距允许误差范围内刮削轴瓦或调整轴承座 |
| 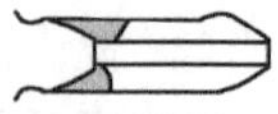 同向偏接触 | 两齿轮轴线不平行 | 可在中心距允许误差范围内刮削轴瓦或调整轴承座 | 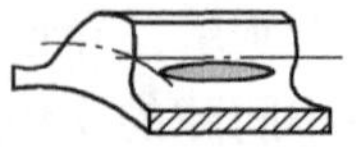 | 中心距太小 | |

（续）

| 接触斑点 | 原因分析 | 调整方法 | 接触斑点 | 原因分析 | 调整方法 |
|---|---|---|---|---|---|
| 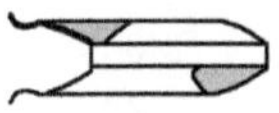 异向偏接触 | 两齿轮轴线歪斜 | |  游离接触，在整个齿圈上，接触区由一边逐渐移至另一边 | 齿轮端面与回转轴线不垂直 | 检查并找正齿轮端面与回转轴线的垂直度误差 |
| 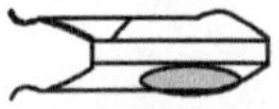 单向偏接触 | 两齿轮轴线不平行并歪斜 | 可在中心距允许误差范围内刮削轴瓦或调整轴承座 | 不规则接触（有时齿面一个点接触，有时在端面边上接触） | 齿面有毛刺或有碰伤隆起 | 去毛刺，修整 |
| | | | 接触较好，但不太规则 | 齿圈径向圆跳动误差太大 | 检验并消除齿圈的径向圆跳动误差 |

## 【任务评价】

理论知识主要通过学生作业形式进行个人评价、小组互评和教师评价。实践操作通过项目任务，根据学生完成情况进行评价，见表 1-8。

**表 1-8　圆柱齿轮传动的装配与调整**

| 评价项目 | 评价内容 | 分值 | 个人评价 | 小组互评 | 教师评价 | 得分 |
|---|---|---|---|---|---|---|
| 理论知识 | 了解齿轮传动的特点 | 10 | | | | |
| | 掌握齿轮传动的技术要求 | 10 | | | | |
| | 掌握齿轮传动的装调过程 | 10 | | | | |
| 实践操作 | 齿轮与轴的装配与检测步骤正确 | 10 | | | | |
| | 将齿轮轴零件正确装入箱体 | 10 | | | | |
| | 正确检测齿轮啮合质量并对其进行调整 | 10 | | | | |
| 操作规范 | 遵守操作规程 | 10 | | | | |
| | 职业素质规范化养成 | 10 | | | | |
| 学习态度 | 考勤情况 | 5 | | | | |
| | 遵守学习纪律 | 5 | | | | |
| | 团队合作 | 10 | | | | |
| 合　计 | | 100 | | | | |
| 成果分享 | 收获 | | | | | |
| | 不足 | | | | | |
| | 改进措施 | | | | | |

【思考与练习】

1. 齿轮传动的装配技术要求有哪些？
2. 齿轮装到轴上后，为什么要检测其径向和轴向圆跳动误差？如何检测？
3. 齿轮传动的啮合质量包括哪几方面的要求？受哪些因素影响？

# 任务四　锥齿轮的安装与调整

【教学目标】

教学目标：能够正确安装和调整锥齿轮。

促成教学目标：

1）了解锥齿轮的特点和分类
2）掌握锥齿轮的啮合条件。
3）掌握锥齿轮的安装与调整方法。

【工作任务】

1）完成锥齿轮的安装。
2）完成锥齿轮的调整。

【任务分析】

## 一、锥齿轮的安装特点

装配锥齿轮的方法与圆柱齿轮类似，不同之处在于锥齿轮通常用于传递互相垂直的两轴间的动力和运动，故其在安装与调整上与圆柱齿轮有所差别。

## 二、工作准备单

1）图样和零件清单、装配任务。
2）检查零件的完备情况。
3）选择合适的工量、量具，见表 1-9。

**表 1-9　锥齿轮装调用工具、量具**

| 序　号 | 名　称 | 型号及规格 | 数　量 |
|---|---|---|---|
| 1 | 机械装调技术综合实训装置 | THMDZT—1 型 | 1 套 |
| 2 | 百分表及表座 | | 1 套 / 组 |
| 3 | 测量心棒 | | 1 根 / 组 |
| 4 | 直角尺 | | 1 套/组 |
| 5 | 量块 | | 1 套 |
| 6 | 塞尺 | | 1 把 / 组 |
| 7 | 千斤顶 | | 1 把 / 组 |

（续）

| 序　号 | 名　称 | 型号及规格 | 数　量 |
|---|---|---|---|
| 8 | 心棒 | | 若干 |
| 9 | 纯铜棒 | | 1 根 |
| 10 | 红丹粉 | | 若干 |
| 11 | 清洁布 | | 若干 |
| 12 | 润滑油 | | 若干 |
| 13 | 零件盒 | | 2 个 |

## 【相关知识】

### 1. 锥齿轮的特点

1）锥齿轮用于传递两相交轴之间的运动和动力，两轴交角多为 90°，如图 1-53 所示。

2）轮齿分布在一个截锥体上，所以，相对于圆柱齿轮中的各有关“圆柱”，这里都变成了“圆锥”，如齿顶圆锥、分度圆锥、齿根圆锥等，如图 1-54 所示。

图 1-53　垂直相交的一对锥齿轮

图 1-54　锥齿轮轮齿的分布

3）齿形由大端至小端逐渐变化，齿轮大端参数为标准值。

### 2. 锥齿轮的分类

锥齿轮按齿形可以分为直齿、斜齿、曲齿(圆弧齿、螺旋齿)等多种形式，如图 1-55 所示

a)　　b)　　c)

图 1-55　锥齿轮的分类

a）直齿锥齿轮　b）斜齿锥齿轮　c）螺旋齿轮

### 3. 转向

判断齿轮传动旋转方向的方法如下：

1）一对外啮合圆柱齿轮传动，两齿轮的转向相反。

2）一对内啮合圆柱齿轮传动，两齿轮的转向相同。

3）锥齿轮传动中，两齿轮的转向同时指向或背离节点。

4）两齿轮的旋转方向也可以用画箭头的方法表示。两齿轮转向相反时，画两反向箭头；转向相同时，画两同向箭头。箭头方向表示可见侧面圆周速度的方向。

## 【任务实施】

锥齿轮一般用来传递互相垂直的两轴间的运动和动力，所以在两齿轮轴的轴向定位、侧隙的调整、箱体的检验等方面有别于圆柱齿轮。

**1. 锥齿轮的安装**

将锥齿轮安装到轴上，安装方法同圆柱齿轮。

**2. 锥齿轮的检测**

锥齿轮装配的关键是确定锥齿轮的两轴夹角、轴向位置和啮合质量的检测。

（1）确定锥齿轮的两轴夹角　通过检验箱体中两安装孔中心线的垂直度误差，来确定锥齿轮的两轴夹角。

1）两锥齿轮轴共面且垂直相交。箱体两安装孔中心线的垂直度误差可按图 1-56 所示的方法进行检测。将百分表装在心棒 2 上，心棒上加装定位套以防其轴向窜动。旋转心棒 2，用百分表在图 1-56 所示的左、右两个位置(跨长为 $L$)上检测出读数差,此差值即为两孔在长度 $L$ 内的垂直度误差。

若是成批检测两安装孔的轴交角,则可采用图 1-57 所示的装置。将心棒 1 的测量端制成叉形槽,心棒 1 的测量端按垂直度公差做成阶梯形,即通端与止端。检测时,若通端能通过叉形槽而止端不能通过,则垂直度合格,否则为超差。

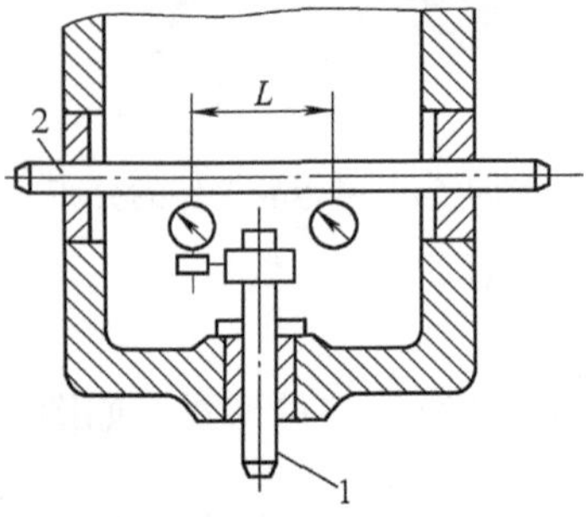


图 1-56　中心线垂直度误差的检测(1)

1、2—心棒

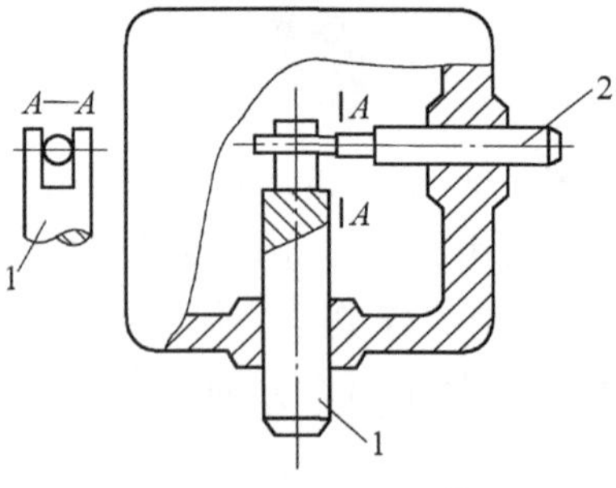


图 1-57　成批检测两安装孔装置

1、2—心棒

2）两锥齿轮轴异面且垂直交错。箱体两安装孔中心线的垂直度误差可按图 1-58 所示的方法进行检测。

用三个千斤顶 4 将箱体支承在平板上，用直角尺 3 在互成 90°的两个方位上找正，调整千斤顶使检验心棒 2 处于垂直位置。此时，测量心棒 1 对平板的平行度误差即为两孔中心线的垂直度误差。

（2）确定两锥齿轮的轴向位置　一对正确啮合的锥齿轮，其两分度圆锥应相切且锥顶重合。装配时，先确定小齿轮的轴向位置，以安装距离 $l_1$ 来确定，如图 1-59a 所示。

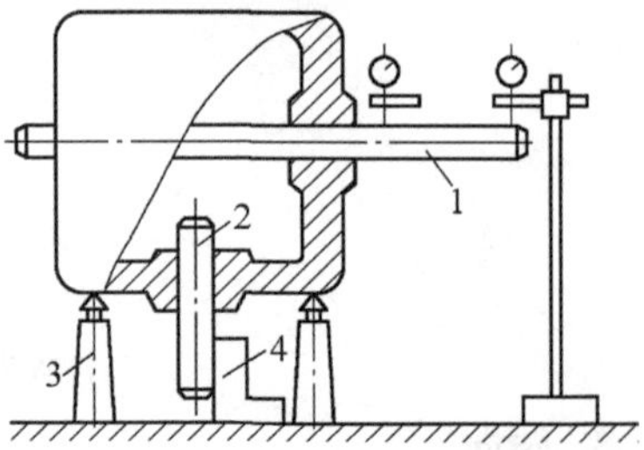


图 1-58　中心线垂直度误差的检测(2)

1—测量心棒　2—检验心棒

3—直角尺　4—千斤顶

若小齿轮轴与大齿轮轴异面垂直交错，则小齿轮的轴向定位以安装距离 $l_2$ 为依据，用专用量规测量，如图 1-59b 所示。若大齿轮尚未装好，则可用工艺心轴代替，然后按侧隙要求决定大齿轮的轴向位置。

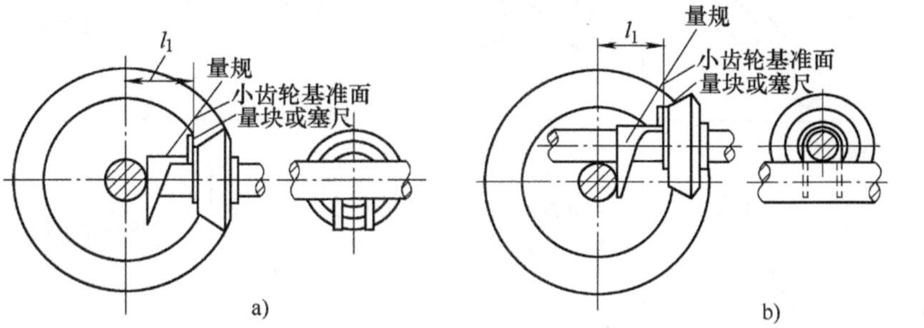


图 1-59　确定两锥齿轮的轴向位置

对于以背锥面为基准的锥齿轮副，如图 1-60 所示，装配时使两锥齿轮 1、2 大端的轮齿端面对称平齐，大致调整轴向位置。然后使锥齿轮 2 沿其轴向移动，一直移到两锥齿轮假想锥体顶点重合为止，最后将齿轮的位置固定。

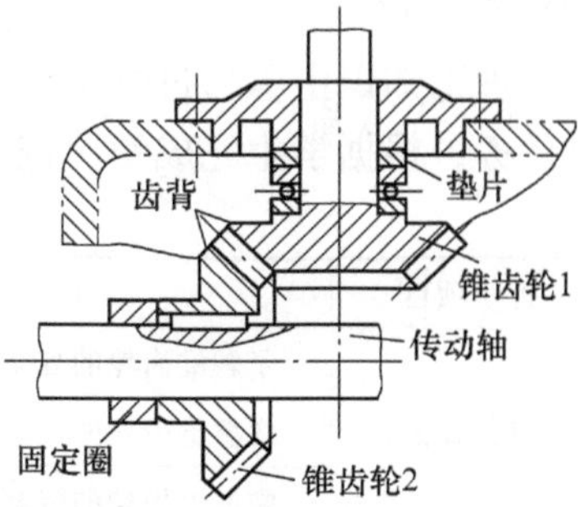


图 1-60　锥齿轮副装配示意图

（3）锥齿轮副啮合质量的检查与调整　锥齿轮传动啮合质量的检测包括侧隙的检测和接触斑点的检测。

1）锥齿轮侧隙的检测。一般采用压熔断丝法检测锥齿轮侧隙，检测方法与圆柱齿轮基本相同；也可用百分表检测。检测时，按规定的位置装好锥齿轮副，固定其中一个锥齿轮，测量非工作齿面间的最短距离（以齿长中点处计量），即为法向侧隙值。

2）接触斑点的检测与调整。用涂色法检测齿面接触斑点：将显示剂涂在主动齿轮上，来回转动该齿轮，根据从动齿轮齿面上斑点痕迹的形状、位置和大小来判断啮合质量。对于工作载荷较大的锥齿轮副，其接触斑点应满足下列要求：承受轻载荷时，斑点应略偏向小端；承受重载荷时，接触斑点应从小端移向大端，且斑点的长度和高度均增大，以免大端区应力集中。如果接触斑点不符合上述要求，则可参照表 1-10 中所列方法进行调整。

**表 1-10　锥齿轮接触斑点及其调整方法**

| 接触斑点 | 状况分析 | 调整方法 |
| --- | --- | --- |
| 正常接触<br>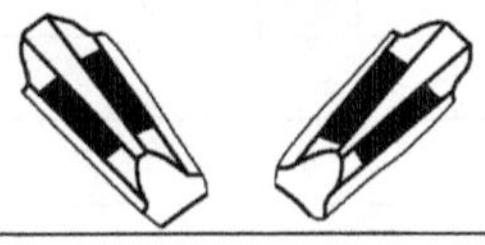 | 接触区在齿宽中部偏小端 | — |
| 上、下齿面接触<br>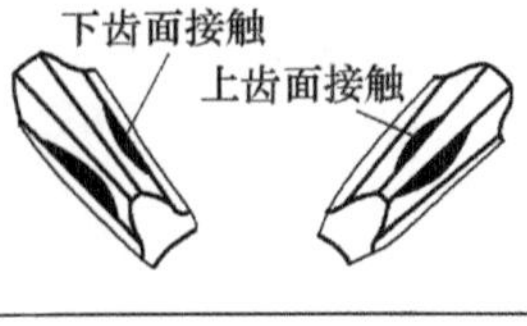 | 接触区小齿轮在上（下）齿面，大齿轮在下（上）齿面。小齿轮轴向位置误差 | 小齿轮沿轴线向大齿轮方向移出（移近）；如侧隙过大（过小），则将大齿轮朝小齿轮方向移近（移出） |

（续）

| 接触斑点 | 状况分析 | 调整方法 |
|---|---|---|
| 同向偏接触   | 齿轮副同在近小端或近大端处接触。齿轮副轴线交角太大或太小 | 必要时修刮轴瓦或返修箱体 |
| 异向偏接触   | 齿轮副一侧在大端接触，另一侧小端接触。齿轮副轴线偏移 | 检测零件误差，必要时修刮轴瓦 |

## 【任务评价】

理论知识主要通过学生作业形式进行个人评价、小组互评和教师评价。实践操作通过项目任务，根据学生完成情况进行评价，见表1-11。

**表1-11　锥齿轮传动的安装与调整评价表**

| 评价项目 | 评价内容 | 分值 | 个人评价 | 小组互评 | 教师评价 | 得分 |
|---|---|---|---|---|---|---|
| 理论知识 | 了解锥齿轮的分类 | 10 | | | | |
| | 掌握锥齿轮的工作形式 | 10 | | | | |
| | 掌握锥齿轮的装调过程 | 10 | | | | |
| 实践操作 | 锥齿轮两轴夹角的检测方法、步骤正确 | 10 | | | | |
| | 锥齿轮轴向位置检测符合要求 | 15 | | | | |
| | 用涂色法检测锥齿轮接触精度在允许范围内 | 15 | | | | |
| 操作规范 | 遵守操作规程 | 5 | | | | |
| | 职业素质规范化养成 | 5 | | | | |
| 学习态度 | 考勤情况 | 5 | | | | |
| | 遵守学习纪律 | 5 | | | | |
| | 团队合作 | 10 | | | | |
| 合　计 | | 100 | | | | |
| 成果分享 | 收获 | | | | | |
| | 不足 | | | | | |
| | 改进措施 | | | | | |

## 【思考与练习】

1. 锥齿轮传动的特点是什么？
2. 怎样判断齿轮传动的旋转方向？

3. 将锥齿轮装入箱体关键要检测哪些项目?

4. 怎样对锥齿轮副的啮合质量进行检测和调整?

5. 什么是齿轮传动的侧隙?为什么齿轮传动要留有侧隙?如何用压铅丝法检测齿侧间隙?

# 任务五　带传动机构的安装与调整

## 【教学目标】

教学目标:能够正确安装与调整带传动机构。

促成教学目标:

1) 认识带传动的组成、特点、应用。

2) 知道 V 带传动机构的装配技术要求。

3) 能正确安装带传动机构。

4) 能调试带传动机构。

## 【工作任务】

1) 认识带传动的类型。

2) 正确安装带传动机构。

3) 安装后测量和调整带传动机构。

## 【任务分析】

### 一、读装配图

结合多媒体演示,明确在多级变速箱中,带传动机构的作用是将电动机提供的动力输入变速箱,为 THMDZT—1 型设备提供动力。

### 二、工作准备单

为正确完成装配任务,需要准备表 1-12 中所列的工具、量具。

表 1-12　带传动机构装调用工具、量具

| 序　号 | 名　称 | 数　量 |
|---|---|---|
| 1 | 百分表及表座 | 1 套/组 |
| 2 | 塞尺 | 1 套/组 |
| 3 | 钢直尺 | 1 把/组 |
| 4 | 三爪顶拔器 | 1 套 |
| 5 | 套筒扳手 | 1 套/组 |
| 6 | 木锤 | 1 把/组 |
| 7 | 螺旋压入工具 | 1 套/组 |
| 8 | 清洁布 | 若干 |
| 9 | 润滑油 | 若干 |

【相关知识】

## 一、带传动的组成、特点和应用

带传动是将挠性带紧紧地套在两个带轮上，利用传动带与带轮之间的摩擦力来传递运动和动力的。带传动具有很多优点，如吸振、缓冲，传动平稳，噪声小，过载时打滑而起到安全作用，能适应两轴中心距较大的传动，结构简单、制造容易等，因此获得了广泛的应用。带传动的缺点是带轮与带之间有打滑现象，因此传动比不准确、传动效率低、带的使用寿命短。

常用的带传动有V带传动和平带传动两种，如图1-61a 、b 所示。图1-61a 所示为V带传动，传动时带与槽的两侧接触，依靠两侧面所产生的摩擦力来工作，因而摩擦力较大。在同样的初拉力下，其摩擦力是平带传动的3倍左右，所以V带传动应用广泛。

图1-61c 所示为同步带传动，其特点是传动能力强，不打滑，能保证同步运转，但成本较高，近年来在机械中的应用逐渐增多。

a)　　b)　　c)

图1-61　带传动

a）V带传动　b）平带传动　c）同步带传动

## 二、V带传动的技术要求

1）带轮的安装要正确，通常要求其径向圆跳动量为(0.0005～0.0025)$D$，轴向圆跳动量为(0.0001～0,0005)$D$，$D$为带轮直径。

2）两带轮的中间平面应重合，其倾斜角和轴向偏移量不超过规定要求，一般倾斜角不应超过1°。

3）带轮工作表面的表面粗糙度值要适当，一般不大于$Ra$16μm。带轮表面过于光滑，则带容易在轮上打滑；带轮表面过于粗糙，则工作时会因发热大而加剧带的磨损。

4）带在带轮上的包角不能小于120°，以保证能够传递足够的功率。

5）带的张紧力要适当，并且调整方便。

【任务实施】

带传动机构的装配，主要是正确地安装带轮。一般带轮孔与轴为过渡配合(H7/k6)，此类配合有少量过盈，具有较高的同轴度要求。因要传递较大转矩，所以还要用紧固件保证周向固定和轴向固定可靠。图1-62所示为带轮与轴的连接方式。

装配时，按轴和轮毂孔键槽修配键，然后清除安装表面上的污物并涂上润滑油，用锤子将带轮轻轻打入，或用螺旋压入工具将带轮压到轴上，如图1-63所示。

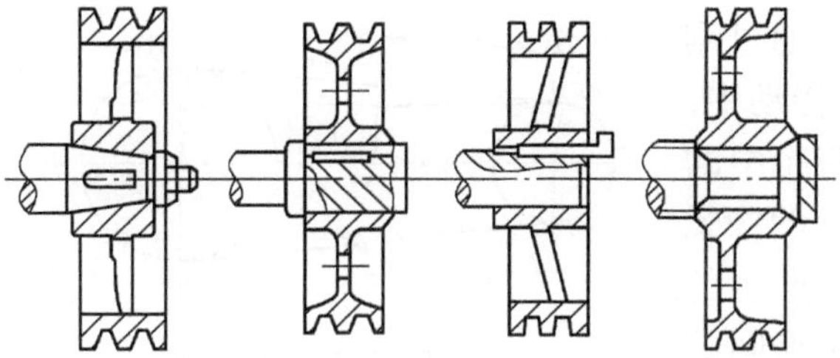

a)　　b)　　c)　　d)

图 1-62　带轮与轴的连接方式

a）圆锥形轴头连接　b）平键连接

c）楔键连接　d）花键连接

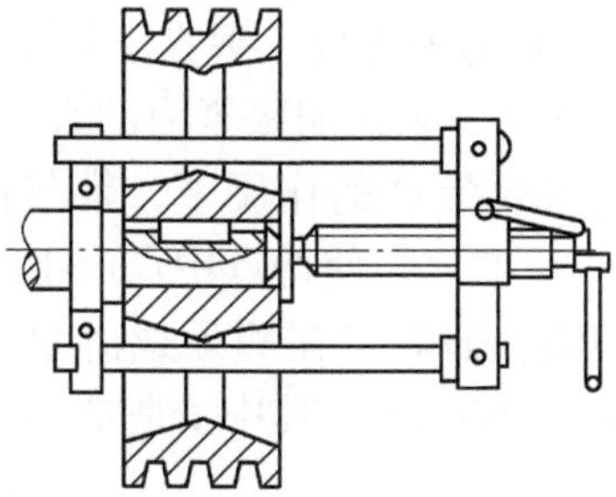

图 1-63　用螺旋压入工具装配带轮

带轮装在轴上后，要检测带轮的径向圆跳动量和轴向圆跳动量。一般情况下，用划针盘检测即可；要求较高时也可以用百分表检测，如图 1-64 所示，以保证带轮在轴上安装的正确性。同时还要保证两带轮相互位置的正确性，防止由两带轮错位或倾斜引起带张紧不均匀而加快其磨损。检测相互位置的方法：中心距较大的采用拉线法，中心距不大的可用直尺测量，如图 1-65 所示。

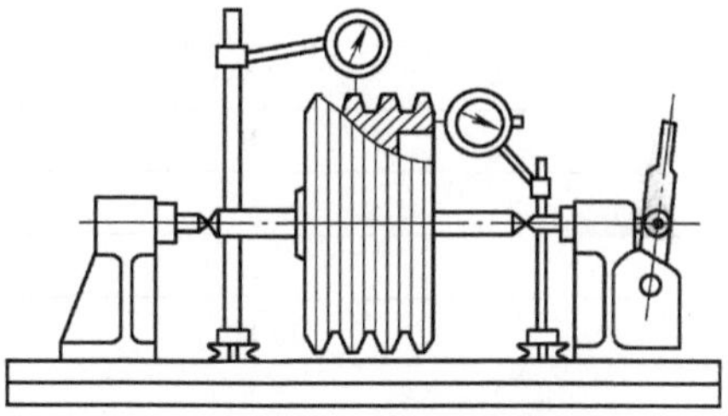

图 1-64　带轮圆跳动量的检测

**1. V 带的安装**

安装 V 带时，先将其套在小带轮轮槽中，然后套在大轮上，边转动大轮，边用工具将带拨入大带轮槽中。装好后的 V 带在轮槽中的位置如图 1-66a 所示，图 1-66b 所示为 V 带安装位置错误的示例。

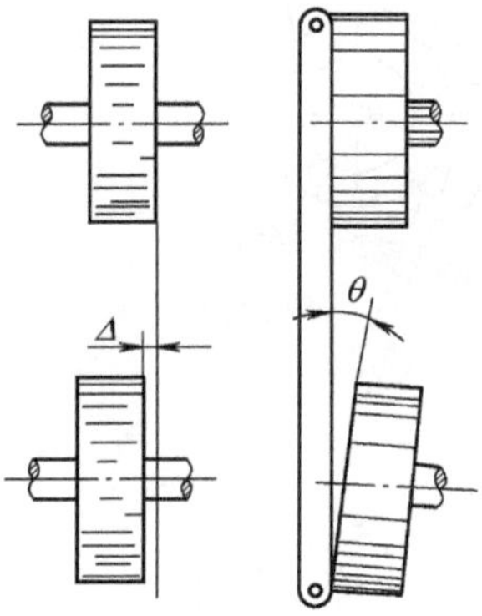


图 1-65　带轮相互位置的检查

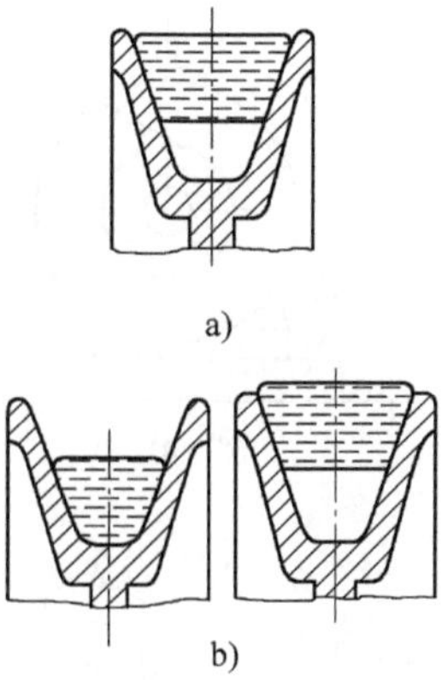


图 1-66　V 带在轮槽中的位置

**2. 张紧力的控制**

带传动是摩擦传动，适当的张紧力是保证带传动正常工作的重要因素。张紧力不足，则带将在带轮上打滑，使带急剧磨损；张紧力过大，则会使带的使用寿命降低，轴和轴承上的作用力增大。

(1) 张紧力的检测　如图1-67所示，在带与两轮的切点$A$、$B$的中点处，垂直于带加一载荷$Q$，通过测量产生的挠度$y$来检测张紧力的大小。在V带传动中，规定在测量载荷$Q$的作用下，带与两轮切点跨距中的每100mm长度上，使切点中点产生1.6mm挠度的张紧力为适当值。即规定在测量载荷$Q$的作用下，产生的挠度为$y=1.6l/100$，其中$l$是带与带轮在两切点间的距离。

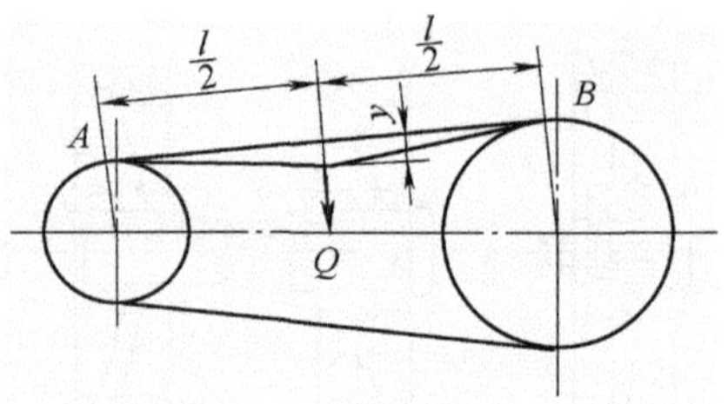

图1-67　张紧力的检测

测量载荷$Q$的大小与V带的型号有关，在实际生产中，可按表1-13中推荐的数值选取。

**表1-13　V带传动具有适当张紧力时所需的测量载荷$Q$**

| V带型号 | Q/N |
|---|---|
| O | 5~6 |
| A | 9~11 |
| B | 15~19 |
| C | 25~32 |
| D | 52~69 |
| E | 77~97 |
| F | 142~164 |

**【例】**　某带传动采用B型带，两带轮切点间的距离$l$为300mm。检查其张紧力时的测量载荷应为多少?

**解：**　查表1-13，得B型带的测量载荷$Q=15\sim19$N，则

$$y=\frac{1.6l}{100}=\frac{1.6\times300\text{mm}}{100}=4.8\text{mm}$$

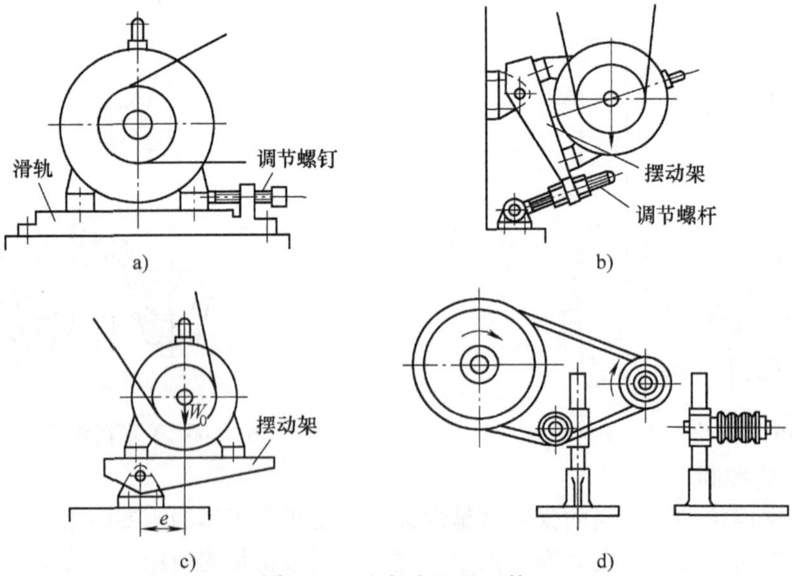

图1-68　张紧力调整机构

a)、b) 通过调整中心距调整张紧力　c) 利用自重调节张紧力　d) 利用张紧轮调整张紧力

挠度大于计算值，说明张紧力小于规定值，挠度小于计算值，则说明张紧力大于规定值。

（2）张紧力的调整　由于传动带工作一段时间后会发生永久性的变形，使张紧力减小，所以带传动机构中都有调整张紧力的张紧机构，如图 1-68 所示。

## 【任务评价】

理论知识主要通过学生作业形式进行个人评价、小组互评和教师评价。实践操作通过项目任务，根据学生完成情况进行评价，见表 1-14。

**表 1-14　带传动机构的安装与调整评价表**

| 评价项目 | 评价内容 | 分值 | 个人评价 | 小组互评 | 教师评价 | 得分 |
| --- | --- | --- | --- | --- | --- | --- |
| 理论知识 | 了解带传动的特点 | 10 | | | | |
| | 掌握带传动的技术要求 | 10 | | | | |
| | 掌握带传动的装调过程 | 10 | | | | |
| 实践操作 | 带轮与轴的装配与检测步骤正确 | 10 | | | | |
| | V 带的正确安装 | 10 | | | | |
| | 张紧力的正确调整 | 10 | | | | |
| 操作规范 | 遵守操作规程 | 10 | | | | |
| | 职业素质规范化养成 | 10 | | | | |
| 学习态度 | 考勤情况 | 5 | | | | |
| | 遵守学习纪律 | 5 | | | | |
| | 团队合作 | 10 | | | | |
| 合　计 | | 100 | | | | |
| 成果分享 | 收获 | | | | | |
| | 不足 | | | | | |
| | 改进措施 | | | | | |

## 【思考与练习】

1. 带传动装置的技术要求有哪些？如不符合要求，对传动有何影响？
2. 为什么要调整传动带的张紧力？如何调整？
3. V 带安装的要点是什么？安装后如何调整？
4. 带传动张紧维护的要点是什么？

# 项目二　减速器的拆装与调整

## 任务一　减速器的拆卸

**【教学目标】**

教学目标：能够正确拆卸减速器。

促成教学目标：

1）读懂减速器装配图。

2）能正确使用减速器拆卸工具。

3）能正确拆卸减速器。

**【工作任务】**

1）读减速器装配图。

2）正确选用工具，用合理、正确的方法拆卸减速器。

**【任务分析】**

### 一、读减速器装配图

读 THMDZT—1 实训装置齿轮减速器装配图（附图 2），读图步骤如下。

**1. 概括了解**

从标题栏中了解装配体的名称是 THMDZT—1 型机械装调技术综合实训装置中的减速器，它是整个装置中的重要变速部件，由 41 个零件组成。

**2. 了解装配关系和工作原理**

此减速器主要由传动零件（锥齿轮）、轴、轴承、箱体及其附件组成，用来降低转速和增大转矩，以满足工作需要。

**3. 分析零件，读懂零件形状**

利用装配图的表达方法和投影关系，将零件的投影从重叠的视图中分离出来，读懂零件的基本结构形状和作用。

**4. 分析尺寸，了解技术要求**

读懂装配图中的必要尺寸，分析装配过程中或装配后须达到的技术要求，以及对装配体工作性能、调试与检验等的要求。

### 二、工作准备单

在对 THMDZT—1 型实训装置减速器进行拆卸的过程中，必须准备好表 2-1 中所列的工具。

**表 2-1 齿轮减速器拆装工具**

| 序 号 | 名 称 | 型号及规格 | 数 量 |
|---|---|---|---|
| 1 | 实训装置 | THMDZT—1 型 | 1 套 |
| 2 | 内六角扳手 | | 1 套 |
| 3 | 橡胶锤 | | 1 把 |
| 4 | 螺钉旋具 | | 1 把 |
| 5 | 顶拔器 | | 1 个 |
| 6 | 圆螺母扳手 | M16、M27 圆螺母用 | 各 1 把 |
| 7 | 尖簧钳 | 直角、弯角 | 各 1 把 |
| 8 | 防锈油 | | 若干 |
| 9 | 纯铜棒 | | 一根 |
| 10 | 零件盒 | | 2 个 |

## 【相关知识】

### 一、减速器的工作原理、特点和分类

减速器是原动机和工作机之间的独立闭式传动装置，用来降低转速和增大转矩，以满足工作需要。应根据工作机的工作条件、技术参数，动力机的性能、经济性等因素，比较不同类型、品种减速器的外廓尺寸、传动效率、承载能力、质量、价格等，选择最适合的减速器。

减速器由于结构简单紧凑、传动效率较高、传递运动准确可靠、使用维护简单方便，而被广泛应用于机器的传动机构。减速器按照传动部件不同可分为圆柱齿轮减速器、蜗杆蜗轮减速器、齿轮蜗杆减速器、行星齿轮减速器等。

### 二、减速器的组成

减速器主要由传动零件(齿轮或蜗杆)、轴、轴承、箱体及附件组成。

**1. 齿轮、轴及轴承**

小齿轮与轴制成一体，称齿轮轴，这种结构用于齿轮直径与轴的直径相差不大的情况。如果轴的直径为 $d$，齿轮齿根圆的直径为 $d_f$，则当 $d_f-d<6\sim7$mm 时，应采用这种结构；当 $d_f-d>6\sim7$mm 时，则采用齿轮与轴分开为两个零件的结构，如低速轴与大齿轮。此时，齿轮与轴的周向固定用平键连接，轴上零件利用轴肩、轴套和轴承盖作轴向固定，两轴均使用深沟球轴承。这种组合可用于承受径向载荷和不大的轴向载荷的情况。当轴向载荷较大时，应采用角接触球轴承、圆锥滚子轴承或深沟球轴承与推力轴承的组合结构，轴承利用齿轮旋转时溅起的稀油进行润滑。箱座中油池的润滑油被旋转的齿轮溅起飞溅到箱盖的内壁上，沿内壁流到分箱面坡口后，通过导油槽流入轴承。当浸油齿轮的圆周速度小于或等于 2m/s 时，应采用润滑脂润滑轴承，为避免可能溅起的稀油冲掉润滑脂，可采用挡油环将其分开。为防止润滑油流失和外界灰尘进入箱内，在轴承端盖和外伸轴之间须装有密封元件。

**2. 箱体**

箱体是减速器的重要组成部件，它是传动零件的基座，应具有足够的强度和刚度。

箱体通常用灰铸铁制造，承受重载或冲击载荷的减速器也可以采用铸钢箱体。单件生产的减速器，为了简化工艺、降低成本，可采用由钢板焊接的箱体。

灰铸铁具有很好的铸造性能和减振性能。为了便于轴系部件的安装和拆卸，箱体制成沿轴线水平剖分的形式，上箱盖和下箱体用螺栓连接成一体。轴承座的连接螺栓应尽量靠近轴承座孔，而轴承座旁的凸台应具有足够大的承托面，以便放置连接螺栓，并保证旋紧螺栓时所需的扳手空间。为保证箱体具有足够的刚度，应在轴承孔附近加支承肋。为保证减速器安置在基础上的稳定性，并尽可能减小箱体底座平面的机械加工面积，箱体底座一般不采用完整的平面。

**3. 减速器附件**

为了保证减速器的正常工作，除了应对齿轮、轴、轴承组合和箱体的结构设计给予足够的重视外，还应考虑到用于减速器润滑油池注油、排油、检查油面高度，加工及拆装检修时箱盖与箱座的精确定位、吊装等辅助零件和部件的合理选择和设计。

（1）检查孔　为检查传动零件的啮合情况并向箱内注入润滑油，应在箱体的适当位置设置检查孔。检查孔应设在上箱盖顶部能直接观察齿轮啮合部位。平时，检查孔的盖板用螺钉固定在箱盖上。

（2）通气器　减速器工作时，箱体内温度升高，气体膨胀，压力增大，为使箱内的热胀空气能自由排出，以保持箱内外压力平衡，不致使润滑油沿分箱面或轴伸密封件等其他缝隙渗漏，通常在箱体顶部装设通气器。

（3）轴承盖　为固定轴系部件的轴向位置并承受轴向载荷，轴承座孔两端应用轴承盖封闭。轴承盖有凸缘式和嵌入式两种。凸缘式轴承盖的优点是拆装、调整轴承方便，但和嵌入式轴承盖相比，其零件数目较多、尺寸较大、外观不平整。

（4）定位销　为保证每次拆装箱盖时，仍保持轴承座孔制造加工时的精度，应在精加工轴承孔前，在箱盖与箱座的连接凸缘上配装定位销。定位销安装在箱体纵向两侧连接凸缘上，对称箱体应呈对称布置，以免错装。

（5）液面指示器　为检查减速器内油池液面的高度，经常保持油池内有适量的油，一般在箱体便于观察且液面较稳定的部位装设液面指示器。

（6）放油螺塞　换抽时，为排放污油和清洗剂，应在箱座底部油池的最低位置处开设放油孔，平时用螺塞将放油孔堵住。放油螺塞和箱体接合面间应加设防漏用的垫圈。

（7）启箱螺钉　为加强密封效果，通常在装配时于箱体剖分面上涂以水玻璃或密封胶，导致在拆卸时往往因粘接紧密而难以开盖。为此，常在箱盖连接凸缘的适当位置外加工出1~2 个螺孔，旋入启箱用的圆柱端或平端启箱螺钉，旋动启箱螺钉便可将上箱盖顶起，启箱螺钉的大小可等同于凸缘连接螺栓。小型减速器也可不设启箱螺钉，启盖时用旋具撬开箱盖。

## 【任务实施】

THMDZT—1 型实训设备中的减速器是圆柱齿轮减速器，如图 2-1 所示，此齿轮减速器是电动机和工作机之间独立的闭式传动装置，用来降低转速和增大转矩，以满足工作需要，在某些场合也用来增速，称为增速器。THMDZT—1 型实训装置中的齿轮减速器主要由直齿圆柱齿轮、角接触球轴承、深沟球轴承、支架、轴、端盖、键等组成。

齿轮减速器的拆卸要点如下。

1）读懂齿轮减速器的部件装配图(附图 2)。通过读装配图，清楚零件之间的装配关系、机构的运动原理及功能，理解拆卸过程。

2）规范、合理地写出齿轮减速器的拆卸工艺过程。

3）正确拆卸轴承。

4）制订合理的拆卸顺序，拆卸后正确摆放零件。

## 一、变速器拆卸工艺卡片

根据多媒体演示的变速器拆卸过程，写出拆卸工艺卡片。

## 二、变速器的拆卸过程

1）拆卸上封板 20，如图 2-2 所示。

图 2-1　圆柱齿轮减速箱

图 2-2　拆卸件 20

2）拆卸锥齿轮 41，如图 2-3 所示。

3）拆卸带轮，如图 2-4 所示。

图 2-3　拆卸件 41

图 2-4　拆卸带轮

4）拆卸输入轴轴承座套用透盖 27，如图 2-5 所示。

5）拆卸输入轴另一端闷盖 37，如图 2-6 所示。

6）左移输入轴，取下轴套 15，如图 2-7 所示。

7）取出齿轮 12，取出键 13，如图 2-8 所示。

8）取出轴承座套 29，取出固定端轴承 30，如图 2-9 所示。

图 2-5 拆卸件 27

图 2-6 拆卸件 37

图 2-7 拆卸件 15

图 2-8 拆卸件 12、13

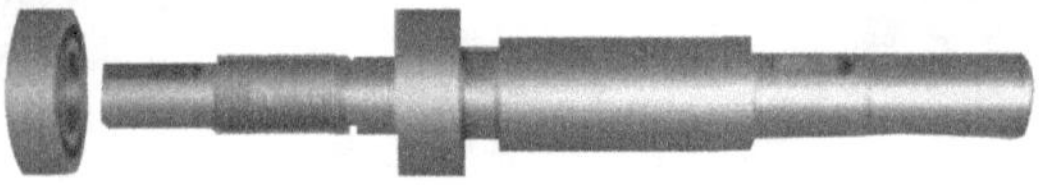

图 2-9 拆卸件 29、30

9）拆卸中间轴的左闷盖、右闷盖，如图 2-10 所示。

10）左移中间轴，右移齿轮 11，取下键 10、轴套 14、齿轮 11，如图 2-11 所示。

图 2-10 拆卸中间轴闷盖

图 2-11 拆卸件 10、14、11

11）右移齿轮轴套 9，移出齿轮 34，如图 2-12 所示。

12）向右移出轴，取下键 8，取下游动端轴承 36，如图 2-13 所示。

13）拆卸输出轴 35 右端透盖，如图 2-14 所示。

14）拆卸另一端闷盖，如图 2-15 所示。

15）右移输出轴，取出圆螺母 33，如图 2-16 所示。

图 2-12 拆卸件 34

图 2-13 拆卸件 8、36

图 2-14 拆卸件 35 右端透盖

图 2-15 拆卸件 35 左端闷盖

16）取出齿轮 31、键 32，如图 2-17 所示。

图 2-16 拆卸件 33

图 2-17 拆卸件 31、32

17）取出输出轴、取出轴承座盖。

18）取出固定端轴承 30，如图 2-18 所示。

19）取出三个游离端轴承 36，如图 2-19 所示。

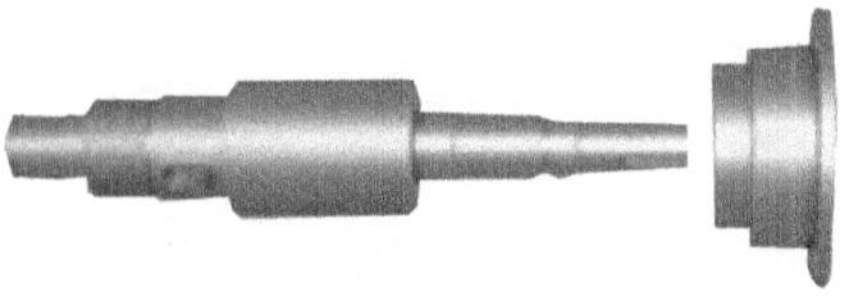

图 2-18 取出件 30

图 2-19 取出件 36

至此，便完成了齿轮减速器的拆卸。

【任务评价】

理论知识主要通过学生作业形式进行个人评价、小组互评和教师评价。实践操作通过项目任务，根据学生完成情况进行评价，见表2-2。

**表2-2 减速器拆卸评价表**

| 评价项目 | 评价内容 | 分值 | 个人评价 | 小组互评 | 教师评价 | 得分 |
|---|---|---|---|---|---|---|
| 理论知识 | 了解减速箱机构 | 10 | | | | |
| | 掌握减速器的拆卸方法 | 10 | | | | |
| | 熟悉减速器拆卸用工具 | 10 | | | | |
| 实践操作 | 学会使用减速器拆卸用工具 | 10 | | | | |
| | 在教师指导下完成减速器的拆卸 | 15 | | | | |
| | 正确摆放拆卸后的零件 | 15 | | | | |
| 操作规范 | 遵守操作规程 | 5 | | | | |
| | 职业素质规范化养成 | 5 | | | | |
| 学习态度 | 考勤情况 | 5 | | | | |
| | 遵守学习纪律 | 5 | | | | |
| | 团队合作 | 10 | | | | |
| 合　计 | | 100 | | | | |
| 成果分享 | 收获 | | | | | |
| | 不足 | | | | | |
| | 改进措施 | | | | | |

# 任务二　链传动机构的安装与调整

【教学目标】

教学目标：能够正确安装和调整链传动装置。

促成教学目标：

1）了解链传动的组成。

2）了解常用的传动链。

3）掌握链传动装配的技术要求。

4）能够正确安装链传动装置。

【工作任务】

1）了解常用传动链。

2）掌握链传动装配的技术要求。

3）正确安装链传动装置。

## 【任务分析】

### 一、链传动的作用

在 THMDZT—1 型机械装调技术综合实训装置中，链传动装置安装于变速箱输出轴与小锥齿轮之间。

### 二、工作准备单

1）熟悉图样和零件清单、装配任务。

2）检查零件的完备情况。

3）选择合适的工具、量具，见表 2-3。

**表 2-3 链传动装调用工具、量具**

| 序号 | 工具名称 | 数量 | 序号 | 工具名称 | 数量 |
|---|---|---|---|---|---|
| 1 | THMDZT—1 型实训装置 | 1 套/组 | 5 | 套筒扳手 | 1 套/组 |
| 2 | 百分表及表座 | 1 套/组 | 6 | 纯铜棒 | 1 根/组 |
| 3 | 塞尺 | 1 根/组 | 7 | 清洁布 | 若干 |
| 4 | 钢直尺 | 1 把/组 | 8 | 润滑油 | 若干 |

## 【相关知识】

**1. 链传动的组成和类型**

链传动由两个链轮和连接它们的链条组成，通过链和链轮的啮合来传递运动和动力，如图 2-20 所示。

链传动是啮合传动，可以保证准确的平均传动比，适用于距离较远的两轴之间的传动。链传动同时参加啮合的齿数较多，载荷分布均匀，传动较平稳，传动功率较大，特别适用于温度变化大和灰尘较多的场合。链传动在机床、农业机械、矿山机械上有广泛应用。其缺点是制造复杂、成本高、磨损快、易伸长，只适用于两轴平行的场合。

常用的传动链有套筒滚子链(图 2-21)及齿形链(图 2-22)。与齿形链相比，套筒滚子链噪声大、运动平稳性差、速度不宜过大，但其成本低，故使用广泛。

图 2-20 链传动

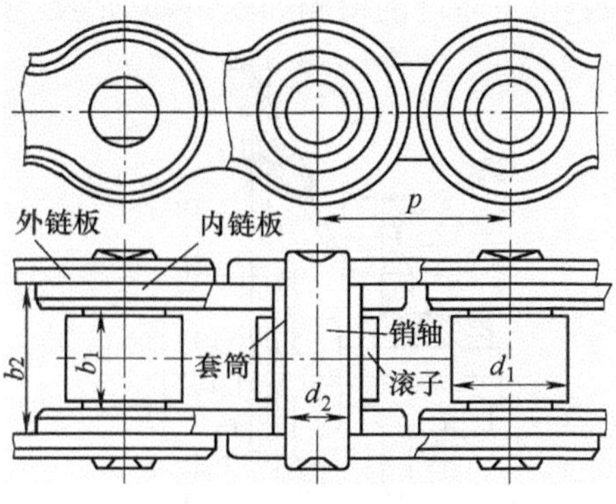


图 2-21 套筒滚子链

图 2-22　齿形链

**2. 链传动装置的装配技术要求**

1）链轮两轴线必须平行，否则会加剧链条和链轮的磨损，降低传动平稳性并增加噪声。两轴线的平行度可用量具检测，如图 2-23 所示，通过测量 *A*、*B* 两尺寸来检测其误差。

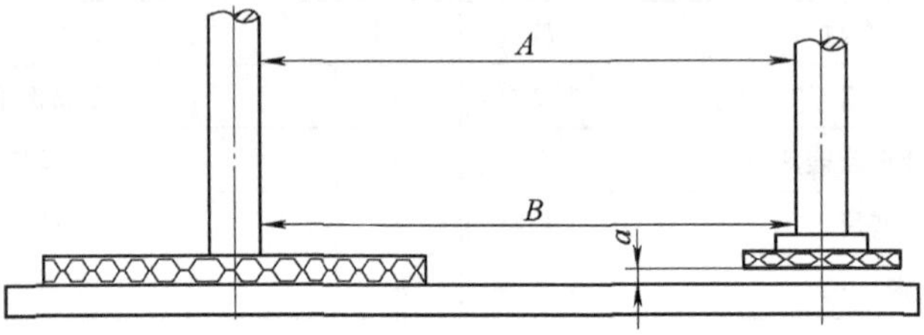


图 2-23　两链轮轴线平行度误差及轴向偏移量的检测

2）两链轮之间的轴向偏移量不能太大。一般当两轮中心距小于或等于 500mm 时，轴向偏移量 *a* 应在 1mm 以下；当两轮中心距大于 500mm 时，*a* 应在 2mm 以下。检测时可采用直尺或拉线法，如图 2-23 所示。

3）链轮的跳动量必须符合表 2-4 中所列数值的要求。链轮跳动量可用划针盘或百分表进行检测，如图 2-24 所示。

**表 2-4　链轮允许跳动量**（单位:mm）

| 链轮的直径 | 套筒滚子链链轮的跳动量 | |
|---|---|---|
| | 径向 | 轴向 |
| <100 | 0.25 | 0.3 |
| 100~200 | 0.5 | 0.5 |
| 200~300 | 0.75 | 0.8 |
| 300~400 | 1.0 | 1.0 |
| >400 | 1.2 | 1.5 |

4）链条的下垂度要适当，过紧会增加负载，加剧磨损；过松则容易产生振动或脱链现象。链条下垂度的检测如图 2-25 所示。如果链传动是水平或稍微倾斜的(在 45°以内)，

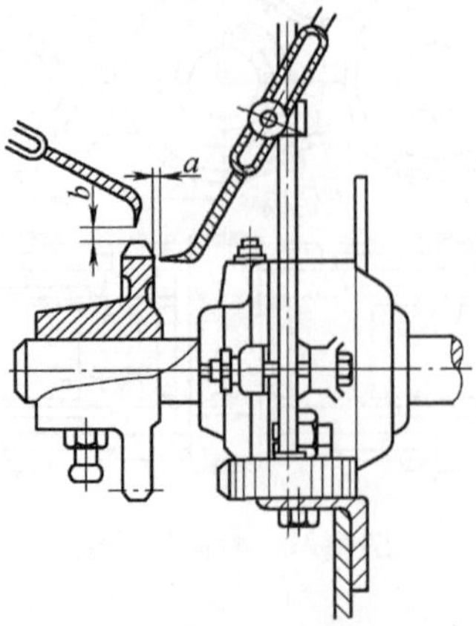


图 2-24　链轮跳动量的检测

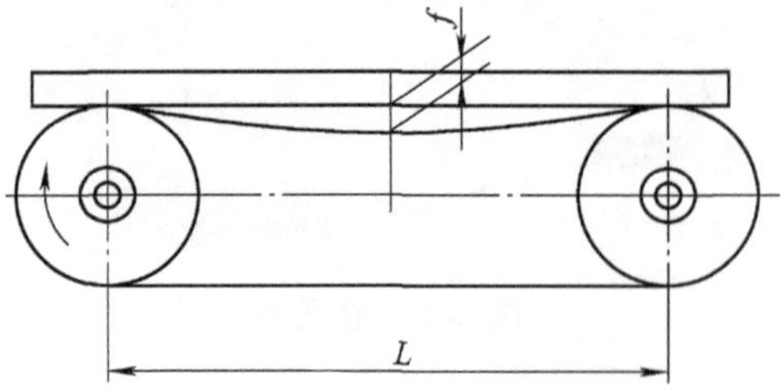


图 2-25　链条下垂度的检测

则下垂度 $f$ 应不大于 $L$ 的 2%；当倾斜度增大时，就要减小下垂度。在链垂直放置时，$f$ 应小于或等于 $L$ 的 0.2%。其中，$L$ 为两链轮的中心距。

**3. 链传动装置的装配**

（1）链轮的装配　链轮在轴上的固定方法如图 2-26 所示。图 2-26a 所示为用键连接后，再用紧定螺钉固定；图 2-26b 所示为圆锥销固定。链轮的装配方法与带轮基本相同。

（2）链条的接合　套筒滚子链的接头形式如图 2-27 所示。其中，图 2-27a 所示为用开口销和弹簧卡片接合链条，此时开口端的方向必须与链条的转动方向相反，以免运转过程中受到撞碰而脱离。图 2-27b 所示为用弹簧卡片固定，这种方式多用于小节距链传动。图 2-27c 所示为链节数为奇数时的情况，此时需要使用过渡链节连接，这种链节的柔性较好，具有缓冲和吸振作用，但其链板会受到附加弯曲作用，所以承载能力较差。

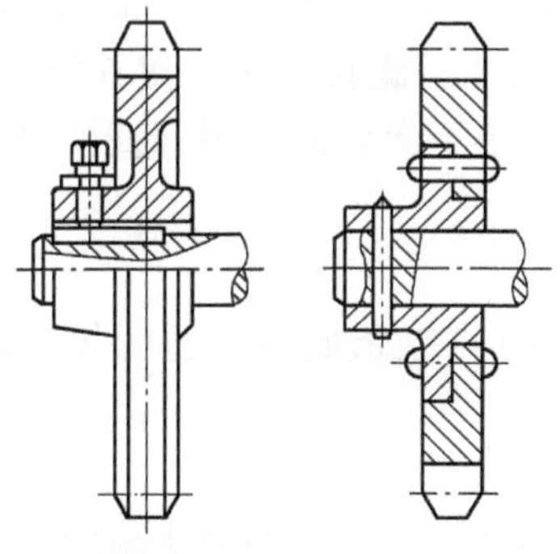

a)　　b)

图 2-26　链轮在轴上的固定方法

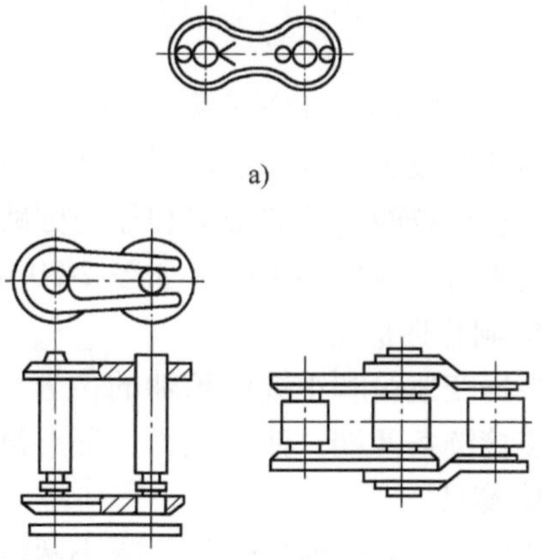

a)

b)　　c)

图 2-27　套筒滚子链的接头形式

对于链条两端的接合，如两轴中心距可调节且链轮在轴端，则可以预先接好两端，再装到链轮上；如果结构不允许预先将接头接好，则必须先将链条套在链轮上，然后连接链条两端。此时需要使用专用的拉紧工具，如图 2-28a 所示。齿形链条必须先套在链轮上，再用拉紧工具拉紧后进行连接，如图 2-28b 所示。

## 【任务实施】

链传动和带传动的安装和调试方法基本相同。但由于链传动本身的结构和装配技术要求有别于带传动，所以链传动的安装和调试有其特定的要求。

**1. 清理、选配链条和链轮**

选配链条和主、从动链轮，使链条的规格与链轮相符合。清理链轮和减速器输出轴、小锥齿轮轴，清理键和键槽，并涂抹润滑油。

**2. 链轮的装配与调试**

在 THMDZT—1 型机械装调技术综合实训装置的变速箱输出轴和小锥齿轮轴上安装链轮，如图 2-29 所示。链轮孔和轴通常采用 H7/k6 过渡配合，故装配链轮时应用纯铜棒轻轻地敲入，注意控制链轮不要歪斜。

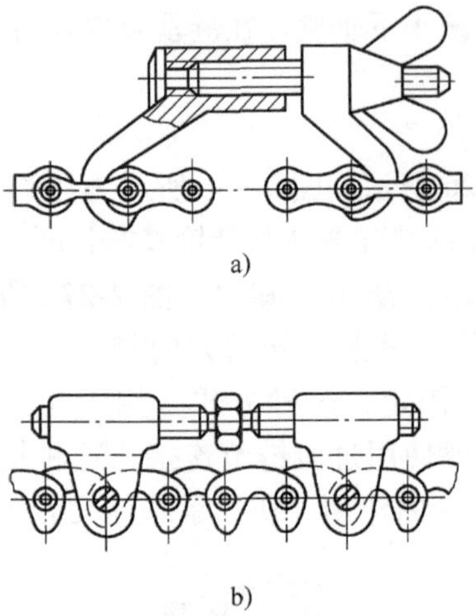


图 2-28　拉紧链条的工具

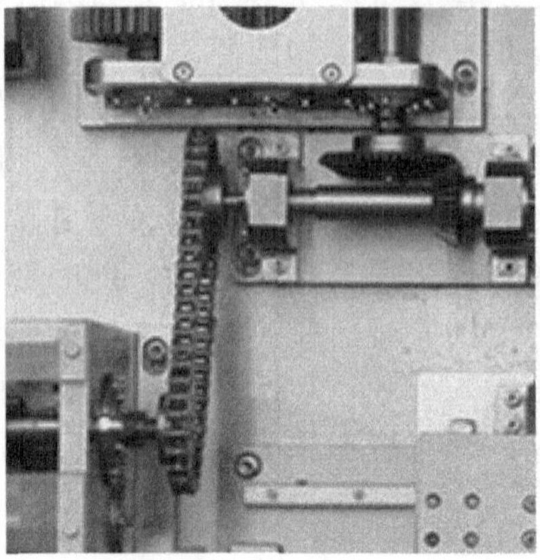

图 2-29　THMDZT—1 型链轮装调装置

用套筒扳手拧紧轴端挡圈，将两链轮固定在相应的轴上。旋转链轮，使其能自如空转。用百分表检查两链轮的轴向和径向圆跳动，使圆跳动误差小于允许值。用钢直尺初步检查两链轮的轮齿几何中心平面，如图 2-30 所示。

**3. 制作环形链**

根据变速箱和小锥齿轮轴的位置，用截链器(图 2-31)将链条截到合适的长度，用弹簧卡片连接链条两端，使之成为一环形链。

**4. 测试**

移动变速箱的前后位置，减小两链轮的中心距，安装链条，并用经验法测试链条的张紧程度，如图 2-32 所示。

图 2-30　链轮的安装检测

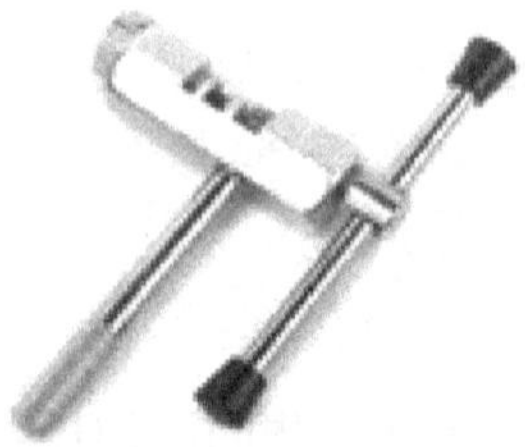

图 2-31　截链器

图 2-32　测试链条的张紧程度

**5. 测量**

用钢直尺复检两链轮的轮齿几何中心平面，并用塞尺检测两链轮平面的轴向偏移量，其值应小于 0. 60mm。

**6. 润滑**

链传动装置装配、调整合格后，应对链条和链轮轮齿加足够的润滑剂。

装配和调试链传动装置时应注意以下事项：

1）当滚子链两端采用弹簧卡片连接时，应使其开口端方向与链条工作时的运动方向相反，以免运转中弹簧卡片受到碰撞而脱落。

2）若链传动结构不允许调节两轴中心距，则必须先将链条套在链轮上，然后进行连接，此时需要使用专用工具。

3）链条应保持清洁，并定期注油保养，最好采用30号、40号全损耗系统用油。可用油枪（无条件时用毛刷也可）将润滑油均匀地分布在链条铰链间隙中并经常检查润滑效果。如摩擦面呈棕色或暗褐色，则说明供油不足，应及时涂上润滑油；如链条上积聚了灰尘、泥沙和污渍，则应及时用煤油清洗，洗净后将链条浸入润滑油中，使链条充分浸油后再装上。

4）在使用过程中，正常的磨损会使链条逐渐伸长，导致链条的下垂度逐渐增大，链条产生剧烈跳动，磨损加大，甚至出现跳齿、脱齿的现象。因此，应及时调整链条的松紧程度，并观察前、后链轮与链条及相关部件是否在同一条直线上，发现问题应立刻找正，免除后患，确保万无一失。

5）在更换链条时，应检查链轮的齿形状况。当链轮齿形有较大磨损时，必须更换新的链轮。若仅更换新链条，则不但不能保证链传动正常工作，甚至会造成链条不必要的早期损坏和失效。

## 【任务评价】

链传动的安装与调整评分表见表2-5。

**表2-5　链传动的安装与调整评分表**

| 评价项目 | 评价内容 | 分值 | 个人评价 | 小组互评 | 教师评价 | 得分 |
|---|---|---|---|---|---|---|
| 理论知识 | 掌握链传动的工作原理 | 10 | | | | |
| | 认识常见链传动的类型 | 10 | | | | |
| | 掌握链传动的装调过程 | 10 | | | | |
| 实践操作 | 链轮与轴的装配与检测 | 10 | | | | |
| | 链条的安装与检测 | 10 | | | | |
| | 对链条和链轮加润滑剂 | 10 | | | | |
| 操作规范 | 遵守操作规程 | 10 | | | | |
| | 职业素质规范化养成 | 10 | | | | |
| 学习态度 | 考勤情况 | 5 | | | | |
| | 遵守学习纪律 | 5 | | | | |
| | 团队合作 | 10 | | | | |
| 合　计 | | 100 | | | | |
| 成果分享 | 收获 | | | | | |
| | 不足 | | | | | |
| | 改进措施 | | | | | |

# 任务三　轴、键、销零件的安装与调整

## 【教学目标】

教学目标：能够正确拆装和调整轴上的键、销零件。

促成教学目标：

1）认识轴、键、销零件的结构特点。

2）能正确装配轴、键、销零件。

3）能正确调整轴、键、销零件。

## 【工作任务】

1）认识轴、键、销零件的结构和工作特点。

2）合理选用工具、量具装配和调整轴上键、销零件。

## 【任务分析】

### 一、读变速箱装配图

在附图1中，件4为滑动轴，件15为花键导向轴（两根），件20、26为固定轴，件55为滑动轴，件21、28、33为键。

本任务要求把轴正确地安装在变速箱中，轴上的齿轮依靠键来固定和传递动力。安装完成后，要求轴工作时具有较好的传递动力和运动的作用，且在高速转动时具有较好的振动稳定性。

### 二、工作准备单

轴、键、销零件装调用工具见表2-6。

**表2-6　轴、键、销零件装调用工具**

| 序　号 | 名　称 | 型号规格 | 数　量 |
|---|---|---|---|
| 1 | 活扳手 | | 1把/组 |
| 2 | 呆扳手 | | 1把/组 |
| 3 | 整体扳手 | | 1把/组 |
| 4 | 内六角扳手 | | 1套/组 |
| 5 | 整体套筒扳手 | | 1套/组 |
| 6 | 管子钳 | | 1把/组 |
| 7 | 棘轮扳手 | | 1把/组 |
| 8 | 橡胶锤 | | 1把/组 |
| 9 | 圆螺母扳手 | | 1把/组 |
| 10 | 螺钉旋具 | | 1把/组 |
| 11 | 卡簧钳 | | 1把/组 |
| 12 | 纯铜棒 | | 1根 |
| 13 | 零件盒 | | 2个 |

## 【相关知识】

### 一、轴类零件

一般来说，长度比其直径大很多的圆柱形零件称为轴。作回转运动的零件都要装在轴上来实现其回转运动及传递转矩的作用。常见的轴有直轴、曲轴和软轴。

通过实物教具和教学多媒体展示轴在机器中的应用实例，并展示 THMDZT-l 型装置中变速箱中的轴类零件。

**1. 直轴类零件**

一般情况下，轴的工作能力取决于它的强度和刚度，对于机床主轴，这两点尤为重要。而高速转轴还需要具有良好的振动稳定性。轴上零件常通过其毂和轴连在一起，轴和毂的固定分为轴向固定和周向固定两种。

轴的主要功用是支承旋转的机械零件，如齿轮、带轮、链轮、凸轮等，并传递运动和动力。图 2-33 所示为变速箱中的轴。

图 2-33　变速箱中的轴

（1）直轴的分类　根据承载情况，直轴可分为转轴、心轴和传动轴三类。生活中有很多轴的应用实例，如自行车上的轴。自行车工作时，前轮轮毂和滚珠一起相对于前叉和车轴转动，而车轴本身固定不动，且仅承受横向力产生的弯矩，故自行车前轮为固定心轴。其工作原理如图 2-34 所示。

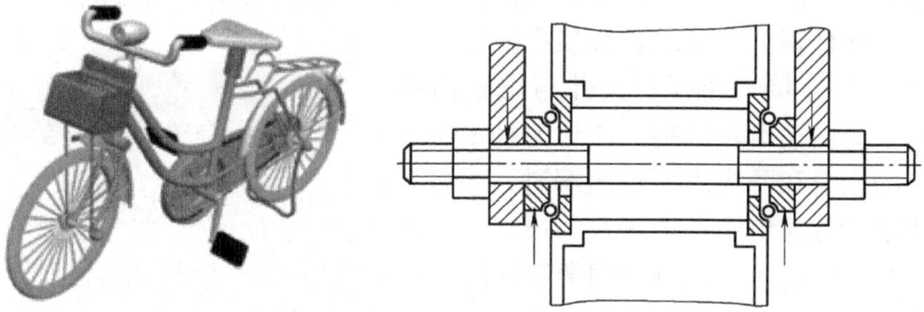

图 2-34　自行车轮轴工作原理图

轴按形状可以分为光轴、阶梯轴、实轴和空心轴。其中，光轴为外径相同的轴，阶梯轴是由不同外径组成的有台肩的轴；实心轴为轴心有材料，空心轴为轴心无材料。

直轴一般是实心轴，有特殊要求时也可制成空心轴，如航空发动机的主轴、车床的主轴等。

（2）直轴的材料　直轴的材料常采用碳素钢和合金钢。

碳素钢中的 35 钢、45 钢、50 钢等优质碳素结构钢因具有较高的综合力学性能，所以应用较多，其中以 45 钢用得最为广泛。为了改善轴的力学性能，应对其进行正火或调质处理。不重要的或受力较小的轴，可采用 Q235、Q275 等碳素结构钢制造。

合金钢具有较高的力学性能，但其价格较贵，故多用于有特殊要求的轴。例如，采用滑动轴承的高速轴常用 20Cr、20CrMnTi 等低碳合金结构钢制造，经渗碳、淬火后可提高轴颈的耐磨性；发电机转子轴在高温、高速和重载条件下工作，必须具有良好的高温力学性能，因此常采用 40CrNi、38CrMoAiA 等合金结构钢制成。值得注意的是，钢材的种类和热处理工艺对其弹性模量的影响很小，因此，要采用合金钢或通过热处理来提高轴的刚度并无实际效果。此外，合金钢对应力集中的敏感性较高，因此设计合金钢轴时，更应从结构上避免或减小应力集中，并减小其表面粗糙度值。

轴的毛坯一般采用圆钢或锻件，有时也可采用铸钢或球墨铸铁。例如，用球墨铸铁制造曲轴、凸轮轴具有成本低廉、吸振性较好、对应力集中的敏感性较低、强度较高等优点。

（3）直轴的组成　轴上各部分的名称分别为轴颈、轴头、轴身，如图 2-35 所示。轴上被支承的部分称为轴颈，安装轮毂的部分称为轴头，连接轴颈和轴头的部分称为轴身。

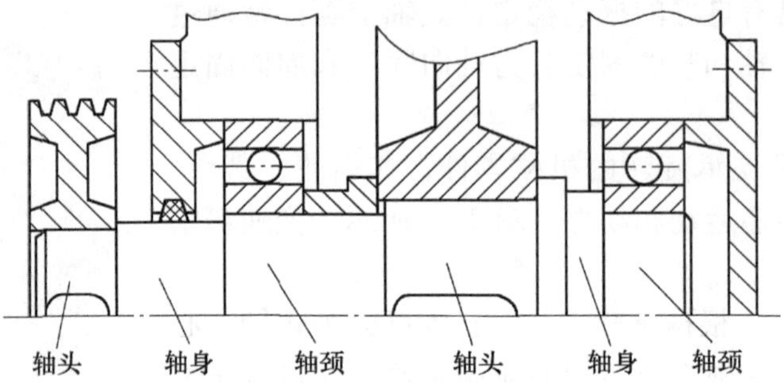


图 2-35　轴上各部分的名称

**2. 曲轴类零件**

曲轴被广泛应用于各种机器当中，如图 2-36 所示。

曲轴是发动机上的一个重要机件，其材料多为碳素结构钢或球墨铸铁，它有两个重要部位，即主轴颈和连杆颈。主轴颈被安装在缸体上，连杆颈与连杆大头孔连接，连杆小头孔与气缸活塞连接，是一个典型的曲柄滑块机构。曲轴的润滑主要是指摇臂、轴瓦的润滑和两头固定点的润滑，一般都是压力润滑。曲轴中有油道和各个轴瓦相通，发动机运转以后靠液压泵提供的压力油进行润滑和降温。发动机的工作过程：混合压缩气爆燃，推动活塞作直线运动，并通过连杆将力传给曲轴，由曲轴将直线运动转变为旋转运动，曲轴的旋转是发动机的动力源，如图 2-37 所示。

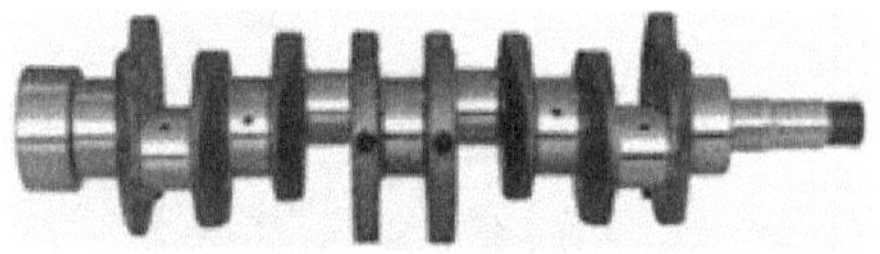

图 2-36　曲轴示意图

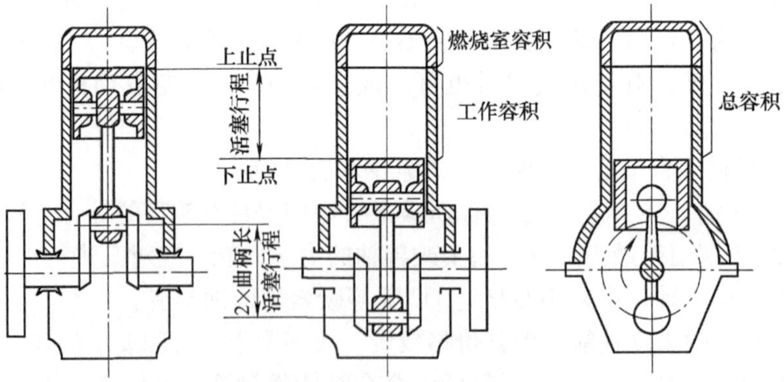


图 2-37　汽车发动机活塞示意图

曲轴也可用于空压机中是空压机的重要零配件。空压机运行时，依靠活塞、活塞环与气缸工作面之间形成的密封腔压缩气体，通过曲轴与活塞的相互运动，把气体压缩到气缸内。活塞环留有防抱缸的闭合间隙，而且随着活塞环与气缸的磨损，闭合间隙不断增大。因此，压缩气体时会有少量压缩空气向曲轴箱泄漏。压缩空气从压力状态降到零压状态时会大量吸热降温，产生冷凝水。由于压缩机运行时曲轴箱有一定的温度，通常为55～70℃。因此一般情况下，进入曲轴箱的冷凝水会被蒸发掉，曲轴箱内不会积水。但是，当曲轴箱内的冷凝水形成量大于蒸发量时，曲轴箱中就会产生积水。

## 二、键

键是一种标准件，通常用于连接轴与轴上的旋转零件与摆动零件，起周向固定零件的作用以传递旋转运动和转矩。另外，导向键、滑键、花键还可用作轴上移动的导向装置。

**1. 松键连接的类型和特点**

（1）普通平键(图2-38)。普通平键适用于高速、高精度和承受变载、冲击的场合，能实现轴上零件的周向定位。其两侧面为工作面，对中性好，装拆方便。

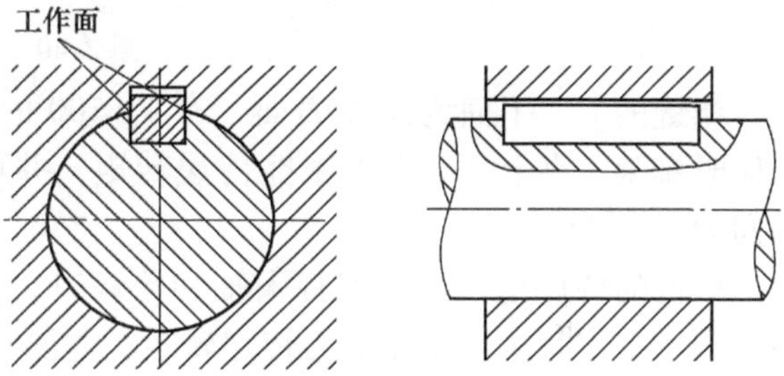


图2-38　普通平键

普通平键根据结构特点可以分为A型(圆头,常用,键顶上面与毂不接触)、B型(方头,常用螺钉固定)和C型(半圆头,用端铣刀加工,用于轴端与轮毂的连接)三种，如图2-39所示。

（2）薄型平键　薄型平键的键高为普通平键的60%～70%，有圆头、方头和单圆头之分，主要用于薄壁结构、空心轴等径向尺寸受限制的连接。

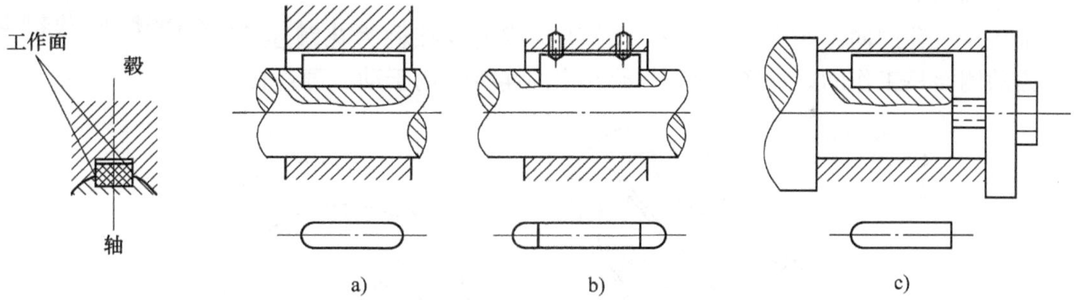


图2-39　平键的种类

a）A型　b）B型　c）C型

（3）导向平键与滑键　这两种键用于动连接，即轴与轮毂之间有相对轴向移动的连接。其中导向键为键不动，轮毂作轴向移动；滑键则随轮毂移动。

（4）半圆键　轴槽用与半圆键形状相同的铣刀加工，键能在槽中绕几何中心摆动，键的侧面为工作面，工作时靠其侧面的挤压来传递转矩，如图2-40所示。

半圆键的优点是工艺性好、装配方便，适用于锥形轴与轮毂的连接；其缺点是由于轴上键槽较深，轴槽对轴的强度削弱较大，故只适用于轻载连接。

**2. 紧键连接的类型和特点**　紧键连接主要是指楔键。楔键分为普通楔键和钩头楔键。其中，普通楔键有圆头(A型)、方头(B型)或单圆头(C型)三种；钩头楔键的钩头用于拆键，如图2-41所示。

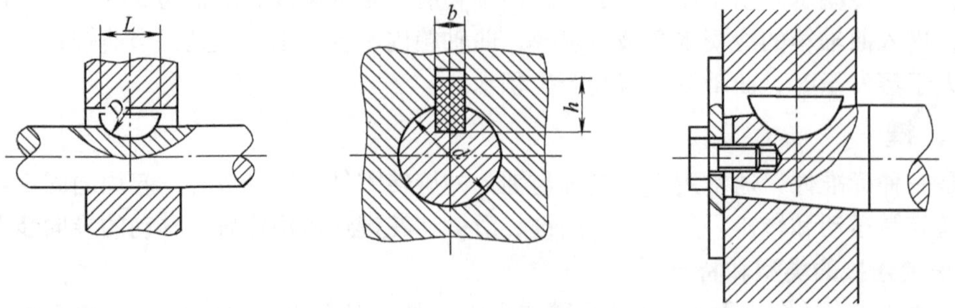


a)　　b)

图 2-40　半圆键

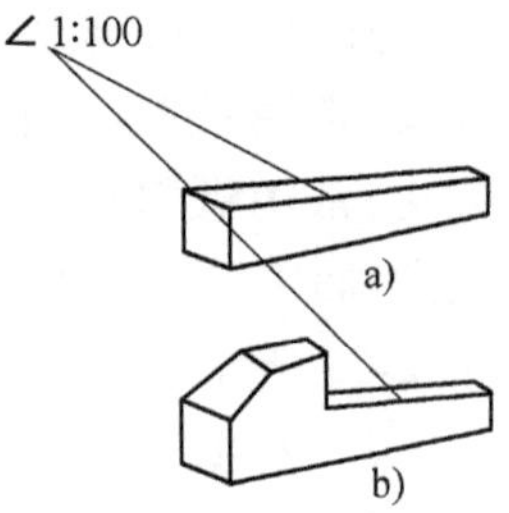


图 2-41　楔键

a）普通楔键　b）钩头楔键

楔键的上、下面为工作表面，有 1∶100 的斜度(侧面有间隙)，工作时楔紧，靠上、下面的摩擦传递转矩，并可传递一小部分单向轴向力。

楔键的特点是：将楔键打入轴和轮毂时，其表面会产生很大的预紧力，工作时主要靠摩擦力传递转矩，并能承受单方向的轴向力。其缺点是会迫使轴和轮毂产生偏心，故仅适用于对定心精度要求不高、载荷平稳和低速的连接。

**3. 花键连接**

轴和轮毂孔周向均布多个凸齿和凹槽所构成的连接称为花键连接，齿的侧面是工作面，如图 2-42 所示。花键连接适用于动、静连接。

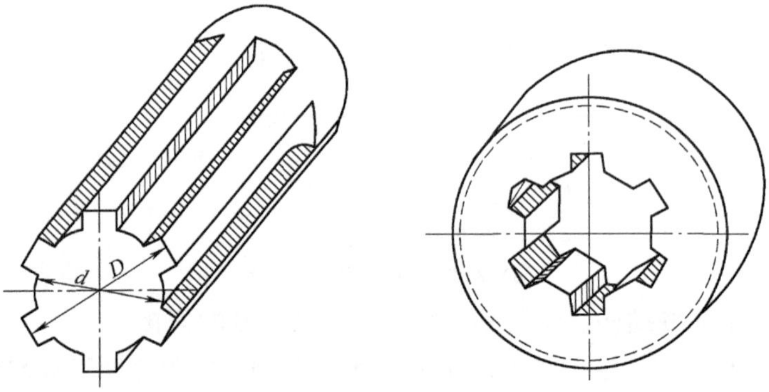


图 2-42　花键

(1) 花键连接的特点

1）齿较多，工作面积大，承载能力较高。

2）键均匀分布，各键齿受力较均匀。

3）齿槽线、齿根应力集中小，对轴的强度削弱少。

4）轴上零件的对中性好。

5）导向性较好。

6）加工需要专用设备，制造成本高。

(2) 花键的类型　花键按齿形可分为矩形花键和渐开线花键。

1）矩形花键。矩形花键(图 2-43)以内径定心，其定心精度高、定心稳定性好，故应用广泛。矩形花键的各配合面均需要研磨，以消除热处理后的变形。

2）渐开线花键。渐开线花键(图 2-44)以齿形定心，当齿承受载荷时，齿上的径向力能自动定心，有利于各齿均载，故应用广泛，应优先采用。

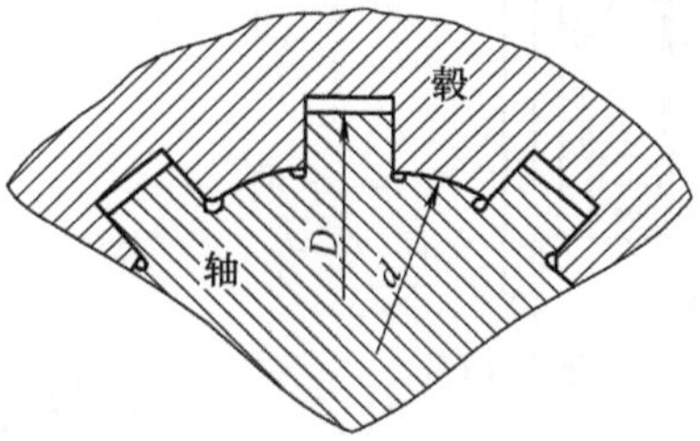


图 2-43　矩形花键

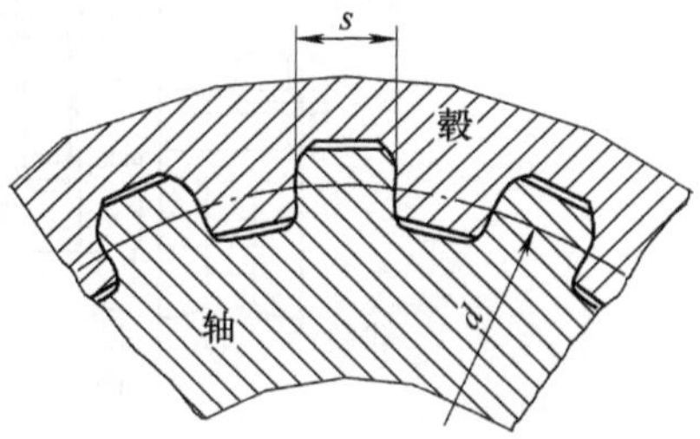


图 2-44　渐开线花键

## 三、销

### 1. 按作用分类

（1）定位销　定位销主要用于零件间位置的定位，如图 2-45a，常用作组合加工和装配时的主要辅助零件。

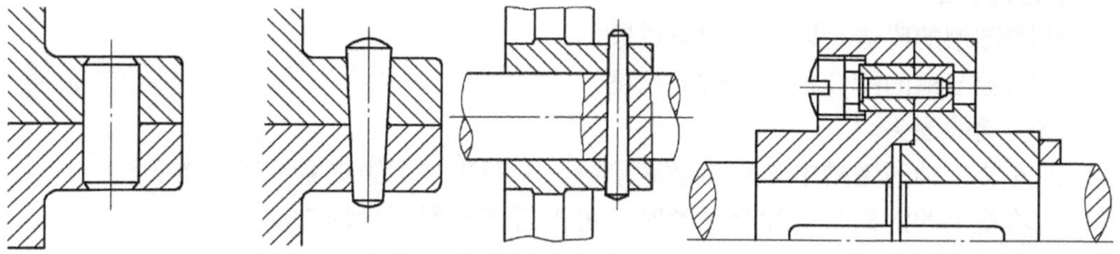

a)　　b)　　c)

图 2-45　销连接

（2）连接销　连接销主要用于零件间的连接或锁定，如图 2-45b 所示，可传递不大的载荷。

（3）安全销　安全销主要用于安全保护装置中的过载剪断元件，如图 2-45c 所示。

### 2. 按形状分类

（1）圆柱销　不能过多地装拆，否则其定位精度会下降。

（2）圆锥销　圆锥销有 1∶50 的锥度，可自锁，定位精度较高，允许多次装拆，且便于拆卸。

## 【任务实施】

## 一、轴的安装与调整

安装轴系时，为了保证轴上零件有准确的工作位置，必须对其进行轴向和周向定位。

### 1. 轴向固定

（1）目的　保证零件在轴上有确定的轴向位置，能承受轴向力，防止零件作轴向移动，如图 2-46 所示。

（2）方法　以轴肩、轴环、轴端挡圈和圆锥面、轴套(套筒)、圆螺母、弹性挡圈和圆锥销、紧定螺钉等固定。

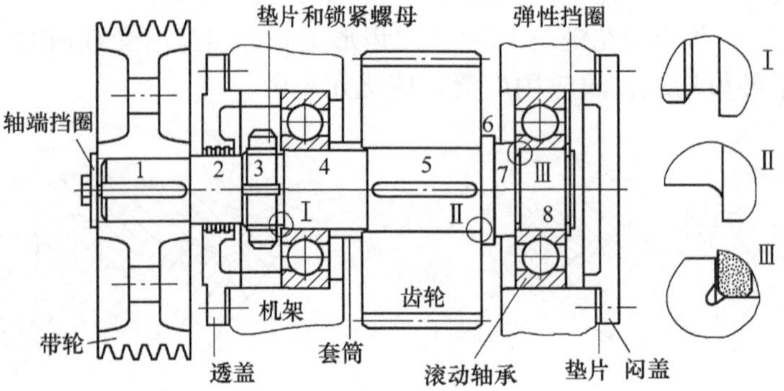


图 2-46　轴向固定

**2. 周向固定**

（1）目的　传递转矩，防止零件与轴产生相对转动。

（2）方法　以键连接、过盈配合、键与过盈配合的组合，用圆锥销、紧定螺钉等固定。

## 二、键的装配

**1. 平键的装配**

1）清除键槽的锐边，以防装配时过紧。

2）修配键与槽的配合精度及键的长度。

3）修锉键的圆头。

4）键安装于轴的键槽中必须与槽底接触，一般采用虎钳夹紧或敲击等方法。

5）当轮毂上的键槽与键配合过紧时，可进行修整但不允许松动。

6）为了保证键在拆卸时不损坏，可在键上开螺孔，如图 2-47 所示。

滑键和导向键不仅带动轮毂旋转，还须使轮毂沿轴线方向在轴上来回移动。因此装配时键与滑动件轮毂键槽（键座）宽度必须是间隙配合，而键与非滑动件（轴）的键座（或键槽）两侧面必须过盈配合紧密，没有松动现象。有时为防止键因振动而松动，须用埋头螺钉把键固定，如图 2-48 所示，这样才能保证滑动件在工作时正常滑动。

图 2-47　带有螺孔的平键

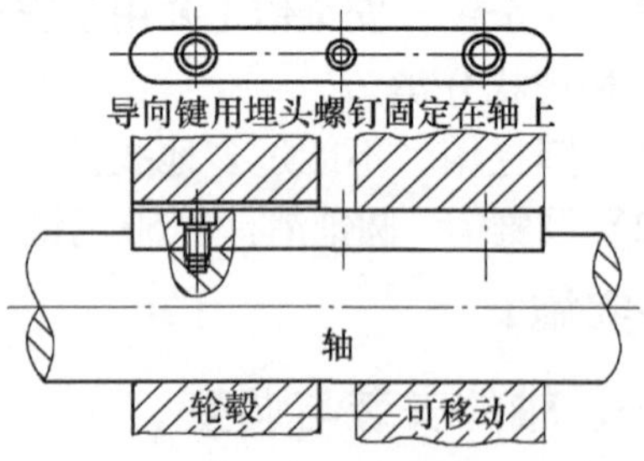


图 2-48　导向键固定在轴上

**2. 楔键和半圆键的装配**

（1）楔键的装配方法

1）清除键槽锐边，去除毛刺。

2）修配键与槽的配合精度，把轮毂套上。

3）使轴与轮毂键槽对正，使键和轮毂键槽紧密贴合，并使接触长度符合要求。

4）清洗楔键及键槽等，加注润滑油，使其紧密配合。

（2）半圆键的装配方法　半圆键一般用在直径较小的轴或锥形轴上，以传递不大的动力，如机床上手轮和轴的连接。其装配方法与楔键相似。

**3. 花键的装配**

（1）固定连接的花键　先去除毛刺，加注润滑油，用纯铜棒轻轻锤击装入。对于较紧的配合，应采用温差法，按热胀冷缩的原理，对其加热后进行装配。

（2）滑动连接的花键　滑动连接主要是指花键与轴进行滑动连接，所以两者一定是间隙配合。花键轴在滚压或铣出后，其外圆一般经过磨削，花键孔是拉出来的，因此轴与孔的配合比较准确。

## 三、销连接的装配

**1. 圆柱销的装配**

圆柱销一般依靠过盈固定在孔中，用以定位和连接。其对销孔尺寸、形状、表面粗糙度要求较高，所以销孔在装配前须经过铰削。同时，被连接件的两孔应同时钻、铰，并使孔壁的表面粗糙度值小于 $Ra1.6\mu m$，以保证连接质量。在装配时，应先在销子表面涂全损耗系统用油，然后用铜棒轻轻打入。圆柱销不宜多次装拆，否则会降低定位精度和连接的紧固性。

**2. 圆锥销的装配**

装配圆锥销时，两连接销孔也应一起钻、铰。钻孔时按圆锥销小头直径选用钻头（圆锥销以小头直径和长度表示规格），用锥度为 1∶50 的铰刀铰孔。铰孔时，用试装法控制孔径，以圆锥销能自由地插入全长的 80%~85%为宜，如图 2-49 所示。然后用锤子敲入。销子的大头可稍微露出，或与被连接件表面平齐。

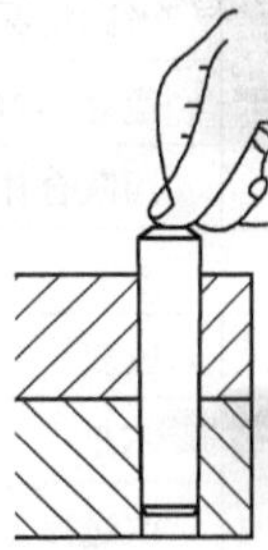

图 2-49　圆锥销自由插入深度

拆卸普通圆柱销和圆锥销时，可从小头向外敲出。有螺尾的圆锥销可用螺母旋出，如图 2-50 所示。拆卸带内螺纹的圆锥销时，可用拔销器拔出，如图 2-51 所示。

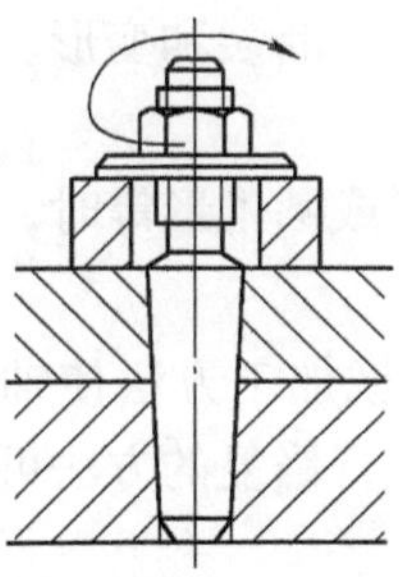

图 2-50　螺尾圆锥销的拆卸

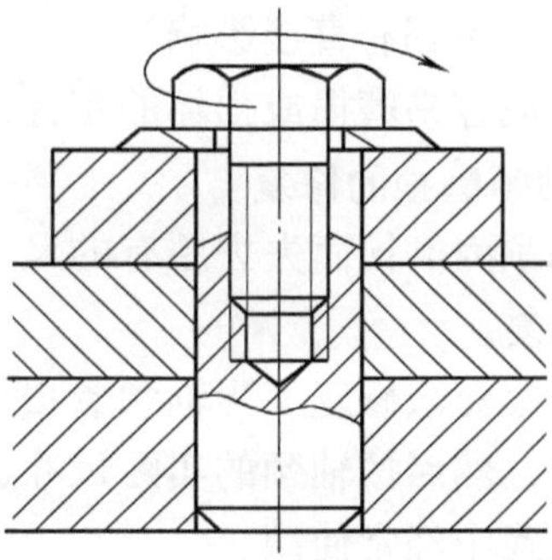

图 2-51　带内螺纹圆锥销的拆卸

## 【任务评价】

理论知识主要通过学生作业形式进行个人评价、小组互评和教师评价。实践操作通过项目任务，根据学生完成情况进行评价，见表2-7。

**表2-7　轴、键、销零件的安装与调整评价表**

| 评价项目 | 评价内容 | 分值 | 个人评价 | 小组互评 | 教师评价 | 得分 |
|---|---|---|---|---|---|---|
| 理论知识 | 掌握轴、键、销在变速箱中的功用 | 10 | | | | |
| | 掌握轴、键、销的分类 | 10 | | | | |
| | 熟悉轴、键、销的装配工艺 | 10 | | | | |
| 实践操作 | 会使用轴、键、销的安装工具 | 10 | | | | |
| | 学会轴、键、销的拆装步骤，能在教师的指导下完成其拆装 | 15 | | | | |
| | 学会对安装好的轴、键、销进行检测、调整 | 15 | | | | |
| 操作规范 | 遵守操作规程 | 5 | | | | |
| | 职业素质规范化养成 | 5 | | | | |
| 学习态度 | 考勤情况 | 5 | | | | |
| | 遵守学习纪律 | 5 | | | | |
| | 团队合作 | 10 | | | | |
| 合　计 | | 100 | | | | |
| 成果分享 | 收获 | | | | | |
| | 不足 | | | | | |
| | 改进措施 | | | | | |

## 【任务拓展】

### 一、轴类零件的检测与修复

轴类零件是组成各类机械设备的重要零件，它承受载荷和传递转矩，影响设备的精度。尤其是机床类设备，其主轴部件担负着机床的主要切削运动，对被加工工件的精度、表面粗糙度及生产率都有直接影响。

轴是最容易磨损或损坏的零件，其常见的失效形式有磨损、断裂和变形。

**1. 轴颈磨损的修复**

当轴颈因磨损而失去原有的尺寸和形状精度，变成椭圆形或圆锥形等时，常采用以下方法进行修复。

（1）镶套法修复　当轴颈磨损量小于0.5mm时，可用机械加工方法使轴颈恢复正确的几何形状，然后按轴颈的实际尺寸选配新轴衬。这种用镶套进行修复的方法可避免轴颈的变形，在实践中经常使用。

（2）堆焊法修复　几乎所有的堆焊工艺都能用于轴颈的修复。堆焊后不进行机械加工的，堆焊层厚度应为1.5~2.0mm；若堆焊后仍需进行机械加工，则堆焊层的厚度应使轴颈比其名义尺寸大2~3mm。堆焊后应进行退火处理。

(3) 电镀或喷涂修复 当轴颈磨损量在 0.4mm 以下时，可镀铬修复，但其成本较高，只适用于重要的轴。为降低成本，对于不重要的轴应采用低温镀铁修复，此方法效果很好，原材料便宜、成本低、污染小，镀层厚度可达 1.5mm，有较高的硬度。磨损量不大的也可采用喷涂修复。

(4) 粘接修复 把磨损的轴颈车小 1mm，然后用玻璃纤维蘸上环氧树脂胶，逐层地缠在轴颈上，待固化后加工到规定的尺寸。

**2. 中心孔损坏的修复**

修复前，首先除去孔内的油污和铁锈，检查损坏情况，如果损坏不严重，可用三角刮刀或油石等进行修整；当损坏严重时，应将轴装在车床上用中心钻加工修复，直至完全符合规定的技术要求。

**3. 圆角的修复**

圆角对轴的使用性能影响很大，特别是在交变载荷的作用下，常因轴颈直径突变部位的圆角被破坏或圆角半径减小而导致轴折断。因此，不可忽视对圆角的修复。

圆角的磨伤可用细锉或车削、磨削加工修复。当圆角磨损很大时，需要进行堆焊，退火后车削至原尺寸。圆角修复后，不可有划痕、擦伤或刀迹，圆角半径也不能减小，否则会减弱轴的性能并导致轴的损坏。

**4. 螺纹的修复**

当轴表面上的螺纹碰伤，螺母不能拧入时，可用圆板牙或车削加工修整。若螺纹滑牙或掉牙，则可先把螺纹全部车削掉，然后进行堆焊，再车削加工修复。

**5. 键槽的修复**

当键槽只有小凹痕、毛刺或轻微磨损时，可用细锉、磨石或刮刀等进行修整。若键槽磨损较大，可扩大键槽或重新开槽，并配大尺寸的键或阶梯键，也可在原槽位置上旋转 90°或 180°后重新按标准开槽。开槽前须先把旧键槽用气焊或电焊填满。

**6. 花键轴的修复**

1) 当键齿磨损不大时，可先对花键部分退火，进行局部加热，然后用钝錾子对准键齿中间，用锤子敲击，并沿键长移动，使键宽增加 0.5~1.0mm。花键被挤压后，劈成的槽可用电焊焊补，最后进行机械加工和热处理。

2) 采用纵向或横向施焊的自动堆焊法修复。纵向堆焊时，把清洗好的花键轴装到堆焊机床上，机床不转动，将振动堆焊机头旋转 90°，并将焊嘴调整到与轴线成 45°的键齿侧面。焊丝伸出端与工件表面的接触点应在键齿的节径上，由床头向尾座方向施焊。横向施焊方法与一般轴件修复时的自动堆焊相同。为保证堆焊质量，焊前应对工件进行预热。堆焊结束时，应在焊丝离开工件后断电，以免产生端面弧坑。堆焊后要重新进行铣削或磨削加工，以达到规定的技术要求。

3) 按照规定的工艺规程进行低温镀铁，镀铁后进行磨削加工，使其符合规定的技术要求。

**7. 裂纹和折断的修复**

轴出现裂纹后若不及时修复，就有折断的危险。

对于轻微裂纹，可以采用粘接法修复：先在裂纹处开槽，然后用环氧树脂填补和粘接，待固化后进行机械加工。

对于承受载荷不大或不重要的轴，其裂纹深度不超过轴径的10%时，可采用焊补法修复。焊补前，必须认真做好清洁工作，并在裂纹处开好坡口。焊补时，先在坡口周围加热，然后进行焊补。为消除内应力，焊补后须进行回火处理，最后通过机械加工达到规定的技术要求。

对于承受载荷很大或重要的轴，其裂纹深度超过轴直径的10%或存在角度超过10°的扭转变形时，应予以调换。

## 二、过盈连接的装配

过盈连接是孔和轴利用过盈量达到紧固连接的配合。装配后，轴的直径减小，压缩孔的直径扩大，由于材料发生弹性变形，使轴和孔的配合产生压力，依靠此压力产生摩擦力来传递转矩和轴向力。

过盈连接结构简单、同轴度精度高、承载能力强，并能承受变载和冲击力，还可避免配合零件由于切削键槽而削弱被连接零件的强度。但其对配合表面的加工精度要求较高，装配和拆卸较困难。齿轮内孔与轮毂外圆的连接采用的就是过盈连接。

**1. 过盈连接的装配技术要求**

（1）有适当的过盈量　过盈量太小，则不能满足传递转矩的要求；过盈量过大，则会增加装配难度。配合后的过盈量是按被连接件要求的紧固程度确定的。

（2）有较高的配合精度　配合表面应有较高的形状、位置精度和较小的表面粗糙度值。装配时，注意保持轴孔的同轴度，以保证有较高的对中性。

（3）有适当的倒角　为了便于装配，孔端和轴的进入端应有1°~5°的倒角。

**2. 过盈连接的装配方法**

过盈连接按孔和轴配合后产生的过盈量，可采用压装法、热装法或冷装法进行装配。采用热装法和冷装法可比压装法多承受3倍的转矩和轴向力，且不需另加紧固件。

（1）压装法　当配合尺寸较小且过盈量不大时，可选用在常温下将配合的两零件压到配合位置的压装法。

（2）热装法　热装法又称红套法，它是利用金属材料热胀冷缩的物理特性进行装配的。其工艺是在具有过盈配合的两零件中，先将包容件加热，使之胀大，然后将被包容件装入配合位置，待冷缩后，配合件就形成能传递轴向力、转矩或同时传递轴向力与转矩的结合体。

采用热装法时，加热方法如下：

1）热浸加热法。热浸加热法常用于尺寸及过盈量较小的连接件，如轴承。此方法是将全损耗系统用油放在铁盒内加热，再将需加热的零件放入油内即可。对于忌油的连接件，则可采用沸水或蒸汽加热。

2）氧乙炔焰加热法。氧乙炔焰加热法多用于较小的零件，这种加热方法简单，但易于过烧，故要求具有熟练的操作技术。

3）电阻加热法。将镍-铬电阻丝绕在耐热瓷管上，放入被加热零件的孔里，对镍-铬电阻丝通电便可对零件进行加热。为了防止散热，可用石棉板做一外罩盖在零件上。这种方法可用于有精密设备和易燃易爆物品的场合。

4）电感应加热法。使交变电流通过铁心（被加热零件可视为铁心）外的线圈，使铁心产生交变磁场，在铁心内与磁力线垂直的方向产生感应电动势，此感应电动势以铁心为导体产生电流，此电流在铁心内形成涡流。在铁心内，电能转化为热能，铁心变热。此方法操作简单、加热均匀，适用于装有精密设备和有易爆易燃物品的场合。

（3）冷装法　冷装法是将被包容件用冷却剂冷却，使之缩小，再把被包容件装入配合位置的方法。例如，小过盈量的小型配合件和薄壁衬套等，均可采用干冰冷缩（可冷至-78℃），操作比较简便。对于过盈量较大的配合件，如发动机连杆衬套等，可采用液氮冷缩（可冷至-195℃），其冷缩时间短、生产率较高。

冷装法与热装法相比，其收缩变形量较小，因而多用于过渡配合，有时也用于过盈配合。冷却前，应对被冷却件的尺寸进行精确测量，并按冷却工序及要求在常温下进行试装，其目的是准备好操作和检查用的必要工具、量具及冷藏运输容器，检查操作工艺是否可行。

采用冷装法时要特别注意操作安全。

【思考与练习】

1. 轴的种类有哪些？各适用于什么场合？
2. 轴的主要功用有哪些？举例说明。
3. 轴颈磨损的修复方法有哪些？
4. 键连接有哪些主要类型？各有何主要特点？
5. 销有哪几种？其结构特点如何？各用在何种场合？

# 任务四　蜗杆传动机构的安装与调整

【教学目标】

教学目标：能正确安装与调整蜗杆传动机构。

促成教学目标：

1）了解蜗杆传动机构的组成。
2）了解蜗杆传动机构的装配技术要求。
3）能够完成蜗杆箱体的装前检验。
4）能够完成蜗杆传动的装配。
5）能够完成蜗杆传动的检验。

【工作任务】

1）安装蜗杆传动机构。
2）调整蜗杆传动机构。

【任务分析】

## 一、蜗杆传动机构的装配特点

蜗杆传动是THMDZT—1型机械装调技术综合实训装置中的主要传动方式之一，具有传动比大、工作精度高等优点。但由于其结构特点，工作时发热大、齿面易磨损，故蜗杆传动的正确装配对其正常工作有十分重大意义。

## 二、工作准备单

1）熟悉图样和零件清单、装配任务。
2）检查零件的完备情况。
3）选择合适的工具、量具，见表2-8。

**表2-8　蜗杆传动装置装调用工具、量具**

| 序号 | 名称 | 型号及规格 | 数量 |
|---|---|---|---|
| 1 | 机械装调技术综合实训装置 | THMDZT—1型 | 1套 |
| 2 | 百分表及表座 | | 1套/组 |
| 3 | 齿轮径向圆跳动测量仪 | | 1把/组 |
| 4 | 高度游标卡尺 | | 1套/组 |
| 5 | 千分尺 | | 1套 |
| 6 | 等高块 | | 1套/组 |
| 7 | 量块 | | 1套 |
| 8 | 螺旋压入工具 | | 1套/组 |
| 9 | 套筒扳手 | | 1套/组 |
| 10 | 千斤顶 | | 1把/组 |
| 11 | 心棒 | | 若干 |
| 12 | 纯铜棒 | | 1根 |
| 13 | 红丹粉 | | 若干 |
| 14 | 清洁布 | | 若干 |
| 15 | 润滑油 | | 若干 |
| 16 | 零件盒 | | 2个 |

## 【相关知识】

蜗杆传动机构（图2-52）用来传递互相垂直的两轴之间的运动，可以得到较大的降速比，其结构紧凑、有自锁性，传动平稳、噪声小。它的缺点是传动效率较低、工作时发热大，需要有良好的润滑。

图2-52　蜗杆传动机构

**蜗杆传动的装配技术要求如下：**

1）蜗杆轴线应与蜗轮轴线互相垂直，并保持稳定性。两轴无轴向窜动，其轴交角的极限偏差见表2-9。

**表2-9　蜗杆传动轴交角的极限偏差**

| 蜗轮齿长/mm \ 轴交角的极限偏差/μm | 精度等级 | | | | | | |
|---|---|---|---|---|---|---|---|
| | 3 | 4 | 5 | 6 | 7 | 8 | 9 |
| ≤30 | 5 | 6 | 8 | 10 | 12 | 17 | 24 |
| >30~50 | 5.6 | 7.1 | 9 | 11 | 14 | 19 | 28 |
| >50~80 | 6.5 | 8 | 10 | 13 | 16 | 22 | 32 |
| >80~120 | 7.5 | 9 | 12 | 15 | 19 | 24 | 36 |

（续）

| 蜗轮齿长/mm 轴交角的极限偏差/μm | 精度等级 | | | | | | |
|---|---|---|---|---|---|---|---|
| | 3 | 4 | 5 | 6 | 7 | 8 | 9 |
| >120~180 | 9 | 11 | 14 | 17 | 22 | 28 | 42 |
| >180~250 | — | 13 | 16 | 20 | 25 | 32 | 48 |
| >250 | — | — | — | 22 | 28 | 36 | 53 |

2）蜗杆轴线应在蜗轮轮齿的中心对称平面内。

3）蜗杆与蜗轮间的中心距要准确。

4）有适当的齿侧间隙。蜗轮与蜗杆的齿侧间隙一般为0.30~0.65mm，齿顶间隙应随蜗轮与蜗杆的位置而定：如蜗杆在上、蜗轮在下，则齿顶间隙不得小于1mm；如蜗杆在下、蜗轮在上，则齿顶间隙不得小于轴瓦间隙。蜗杆传动的啮合间隙可按表2-10进行检查和调整。

蜗杆传动装配的错误示例如图2-53所示。

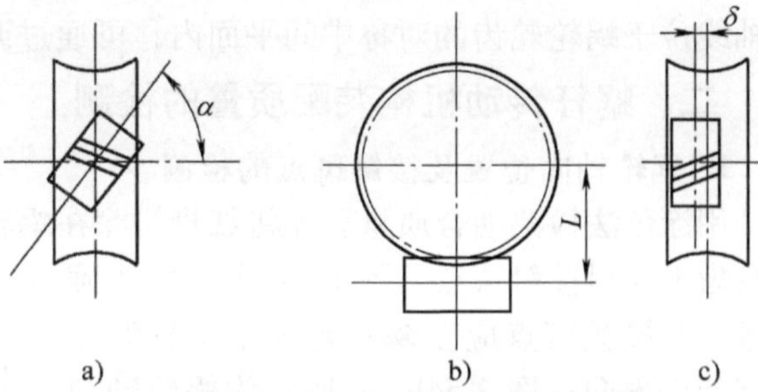


图2-53 蜗杆传动装配的错误示例

a）$\alpha \neq 90°$ b）$L \neq d$ c）$\delta \neq 0$

**表2-10 蜗杆传动的啮合间隙** （单位:mm）

| 中心距 $a$ | ≤40 | $40<a\leq80$ | $80<a\leq160$ | $160<a\leq320$ | $320<a\leq630$ | $630<a\leq1250$ | $1250<a$ |
|---|---|---|---|---|---|---|---|
| 啮合间隙 | 0.055 | 0.095 | 0.13 | 0.19 | 0.26 | 0.38 | 0.53 |

5）有正常的接触斑点，见表2-11。

**表2-11 蜗杆传动的接触斑点要求**

| 图例 | 精度等级 | 接触面积 沿齿高(≥) | 接触形状 沿齿长(≥) | 接触面积 | 接触位置 |
|---|---|---|---|---|---|
| 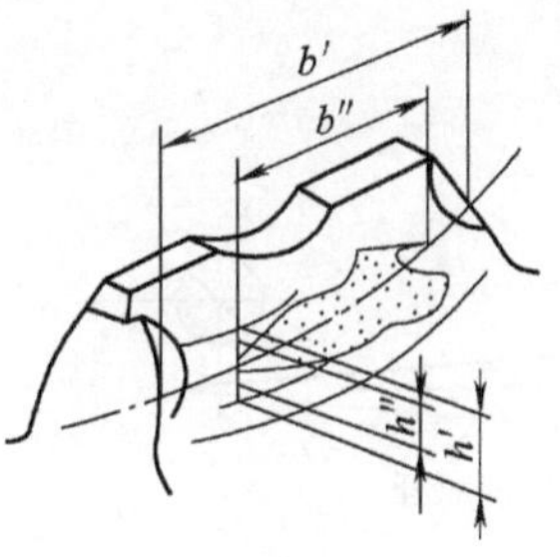 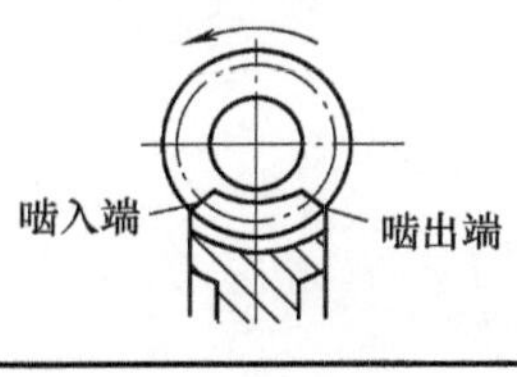 | 1和2 | 75% | 70% | 齿痕在齿高方向无断痕，不允许成带状条纹 | 痕迹分布位置趋近于齿面中部，允许略偏于啮合端。齿顶和啮入、啮出端的棱边处不允许接触 |
| | 3和4 | 70% | 65% | | |
| | 5和6 | 65% | 60% | | |
| | 7和8 | 55% | 50% | 无要求 | 痕迹应偏于啮出端，不允许在齿顶和啮入、啮出端的棱边接触 |
| | 9和10 | 45% | 40% | | |
| | 11和12 | 30% | 30% | | |

6）转动灵活。蜗轮在任意位置，旋转蜗杆的手感应相同，无卡住现象。

## 【任务实施】

### 一、蜗杆传动机构的装配

一般情况下，蜗杆传动机构的装配工作是从装配蜗轮开始，其步骤如下。

1）组合式蜗轮应先将齿圈压装在轮毂上，方法与过盈配合的装配相同，并用螺钉加以紧固。

2）将蜗轮装在轴上，其安装及检测方法与圆柱齿轮相同。

3）把蜗轮轴组件装入箱体，然后装入蜗杆。一般蜗杆轴的位置由箱体孔确定，要使蜗杆轴线位于蜗轮轮齿的对称中间平面内，可通过调整垫片厚度的方法调整蜗轮的轴向位置。

### 二、蜗杆传动机构装配质量的检测

**1. 蜗轮轴向位置及接触斑点的检测**

用涂色法检测啮合质量。先将红丹粉涂在蜗轮孔的螺旋面上，然后转动蜗杆，即可在蜗轮轮齿上获得接触斑点。图 2-54a 所示为正确接触，其接触斑点应在蜗轮轮齿中部稍偏于蜗杆旋出方向；图 2-54b、c 所示为蜗轮轴向位置不正确的情况，此时应配磨垫片来调整蜗轮的轴向位置。接触斑点的长度，轻载时为齿宽的 25%～50%，满载时为齿宽的 90% 左右。

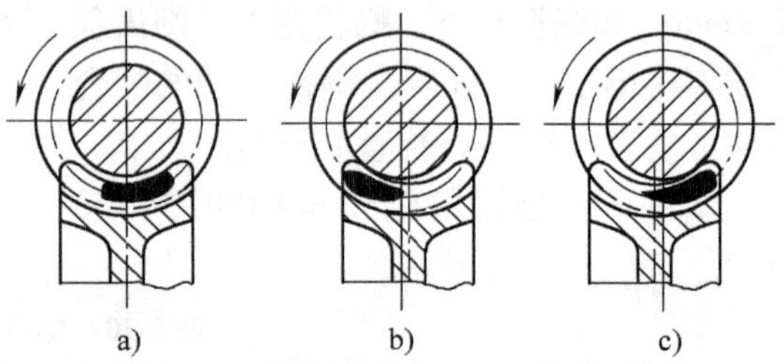

图 2-54　用涂色法检测蜗轮齿面的接触斑点

a）正确　b）蜗轮偏右　c）蜗轮偏左

**2. 齿侧间隙的检测**

一般要用百分表测量齿侧间隙。在蜗杆轴上固定一带量角器的分度盘，百分表触头抵在蜗轮齿面上，用手转动蜗杆，在百分表指针不动的条件下，根据刻线盘相对固定指针的最大空程角判断侧隙大小，如图 2-55a 所示。如用百分表直接与蜗轮齿面接触有困难，则可在蜗轮轴上装一测量杆，如图 2-55b 所示。

装配后的蜗杆传动机构，还要检查其转动的灵活性，蜗轮在任何位置上，用手旋转蜗杆所需的转矩均应相同，无卡住现象。

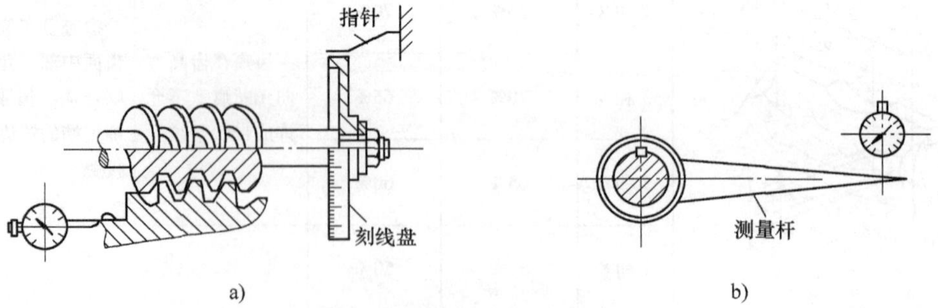

图 2-55　齿侧间隙的检测

## 【任务评价】

蜗杆传动机构安装与调整评分表见表 2-12。

表 2-12　蜗杆传动机构安装与调整评分表

| 评价项目 | 评价内容 | 分值 | 个人评价 | 小组互评 | 教师评价 | 得分 |
|---|---|---|---|---|---|---|
| 理论知识 | 掌握蜗杆传动的工作原理 | 10 | | | | |
| | 了解蜗杆传动的技术要求 | 10 | | | | |
| | 掌握蜗杆传动的装调过程 | 10 | | | | |
| 实践操作 | 蜗杆传动机构的装配 | 10 | | | | |
| | 蜗杆传动装配质量的检验 | 10 | | | | |
| | 转动灵活性检查 | 10 | | | | |
| 操作规范 | 遵守操作规程 | 10 | | | | |
| | 职业素质规范化养成 | 10 | | | | |
| 学习态度 | 考勤情况 | 5 | | | | |
| | 遵守学习纪律 | 5 | | | | |
| | 团队合作 | 10 | | | | |
| 合　计 | | 100 | | | | |
| 成果分享 | 收获 | | | | | |
| | 不足 | | | | | |
| | 改进措施 | | | | | |

# 项目三　二维工作台的拆装与调整

## 任务一　二维工作台的拆卸

### 【教学目标】

教学目标：能够独立完成二维工作台的拆卸作业。

促成教学目标：

1）了解二维工作台的工作原理。

2）掌握二维工作台的拆卸技术。

3）能够独立完成二维工作台的拆卸。

### 【工作任务】

对照 THMDZT—1 型实训装置中二维工作台的装配图（附图 3），对二维工作台进行拆卸作业，并达到预期工作要求，如图 3-1 所示。

图 3-1　二维工作台

### 【任务分析】

读 THMDZT—1 型机械装调技术综合实训装置二维工作台装配图（附图 3），读图步骤如下。

**1. 概括了解**

从标题栏中了解装配体 THMDZT—1 型机械装调技术综合实训装置中的二维工作台，是整个装置中的重要移动部件，由 45 个零件组成。

**2. 了解装配关系和工作原理**

此二维工作台由直线导轨、滑块、丝杠、工作台及其附件等组成，用来实现前、后、左、右四个方向的运动，以满足工作需要。

**3. 分析零件，读懂零件形状**

根据装配图的表达方法和投影关系，将零件投影从重叠的视图中分离出来，读懂零件的基本结构形状和作用。

**4. 分析尺寸，了解技术要求**

读懂装配图中的必要尺寸，分析装配过程中或装配后需达到的技术要求，以及对装配体工作性能、调试和检验等的要求。

在掌握拆装知识的基础上，完成二维工作台的拆卸工作。

二维工作台拆卸用工具、量具见表3-1。

**表3-1　二维工作台拆卸用工具、量具**

| 序　号 | 名　称 | 型号及规格 | 数　量 |
|---|---|---|---|
| 1 | 机械装调技术综合实训装置 | THMDZT—1型 | 1套 |
| 2 | 游标卡尺 | 300mm | 1把 |
| 3 | 深度游标卡尺 | | 1把 |
| 4 | 杠杆式百分表 | 0.8mm，含小磁性表座 | 1套 |
| 5 | 大磁性表座 | | 1个 |
| 6 | 塞尺 | | 1把 |
| 7 | 直角尺 | | 1把 |
| 8 | 内六角扳手 | | 1套 |
| 9 | 橡胶锤 | | 1把 |
| 10 | 圆螺母扳手 | M16、M27圆螺母用 | 各1把 |
| 11 | 外用卡簧钳 | 直角、弯角 | 各1把 |
| 12 | 垫片 | | 若干 |
| 13 | 防锈油 | | 若干 |
| 14 | 纯铜棒 | | 1根 |
| 15 | 一字螺钉旋具 | | 1把 |
| 16 | 零件盒 | | 2个 |

## 【相关知识】

### 一、二维工作台简介

二维工作台主要由底板、中滑板、上滑板、直线导轨副、滚珠丝杠副、轴承座、圆螺母、限位开关、手轮、齿轮、等高垫块、轴端挡圈、导轨基准块、导轨定位块、轴用弹性挡圈、角接触球轴承、深沟球轴承、螺栓、弹簧垫圈、平垫圈等组成。

二维工作台的材料一般为HT400，也可以采用铝合金、钢板、大理石等加工而成，可广泛应用于激光焊接机、激光切割机、插线机、打孔机、涂胶机、机械手、搬运或运输生产线、检测装置、射线探伤分析、应力分析等数控机床和试验设备。

二维工作台采用滚珠丝杠和直线导轨副传动，具有精度高、效率高、使用寿命长、磨损小、节能降耗，结构紧凑，通用性较强。

### 二、二维工作台拆卸技术要点

**1. 直线导轨副的拆卸**

1）检查装配面，如图3-2所示。

2）设置导轨的基准侧面与安装台阶的基准侧面相对，如图 3-3 所示。

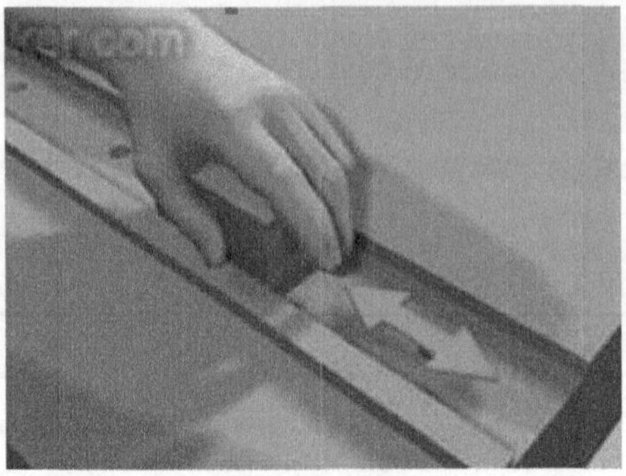

图 3-2　检查装配面

图 3-3　设置导轨的基准侧面与安装台阶的基准侧面相对

3）检查螺栓位置，确认螺孔位置正确，如图 3-4 所示。

4）预紧安装螺钉，使导轨基准侧面与安装台阶侧面紧密相接，如图 3-5 所示。

图 3-4　检查螺栓位置

图 3-5　预紧固定螺钉

5）拧紧安装螺钉，如图 3-6 所示。

6）依次拧紧滑块的紧固螺钉，如图 3-7 所示。

图 3-6　拧紧安装螺钉

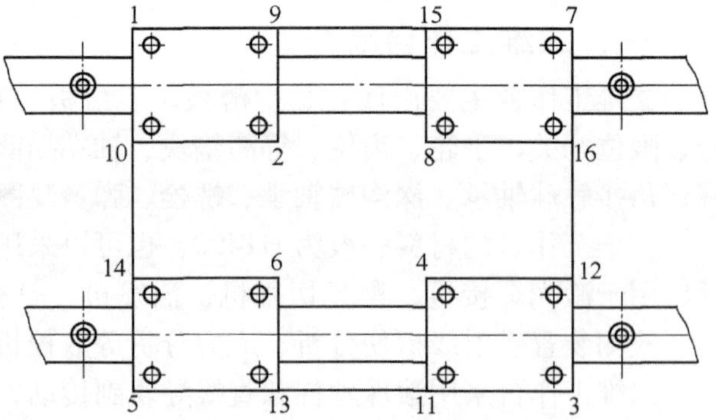


图 3-7　拧紧滑块的紧固螺钉

**2. 滚珠丝杠副的拆装**

（1）滚珠丝杠副的安装　作用于滚珠丝杠副的径向力、弯矩会使滚珠丝杠副产生附加表面接触应力等负荷，将加剧滚珠丝杠副螺母与丝杠之间的摩擦，降低其使用寿命，也可能造成丝杠的永久性损坏。因此，安装滚珠丝杠副时应注意以下几点。

1）丝杠的轴线必须和与之配套的导轨的轴线平行，平行度误差不大于0.05mm；机床两端支承滚珠丝杠副的轴承座孔中心与螺母座孔中心三点必须在一条直线上。

2）将滚珠丝杠副的螺母与机床上的螺母座进行安装时，应尽量靠近滚珠丝杠副的支承轴承端。

3）通常情况下采用整体式安装，不要把螺母从丝杠上卸下来。特殊情况下，当必须将螺母卸下时，应使用滚珠丝杠拆卸辅助轴，否则滚珠极易散落。

4）安装滚珠丝杠副时，要避免过分撞击。

（2）拆卸螺母时的注意事项

1）辅助轴的最大直径应比滚珠丝杠直径小0.1~0.3mm。

2）辅助轴在使用时应靠近丝杠螺纹的轴肩。

3）旋转螺母时切勿用力过大，以免损坏螺母滚道或滚动体。

## 【任务实施】

### 一、直线导轨的拆装

1）保证装配面与装配基准面的清洁。

2）初步固定导轨位置。

3）用锤子和扳手调整与固定基准侧导轨。

4）暂时固定基准侧及从动侧导轨的全部滑块。

5）固定基准侧导轨的全部滑块。

6）固定从动侧导轨的一个滑块。

7）根据基准侧导轨打表找正从动侧导轨的位置。

8）固定从动侧导轨。

9）固定从动侧导轨剩下的滑块。

10）侧面为基准面的导轨副，在产品编号标记最后一位（右端）加有J，用于识别。

### 二、滚珠丝杠的拆装

1）安装滚珠丝杠副时，两端支承座与螺母孔要调整到“三点同心”的最佳状态，不允许在不同心的状态下强迫安装。按如下装配工艺方法可保证“三点同心”。

① 采用整体式专用心棒对螺母座孔进行找正，使其与基准导轨正、侧向的平行度误差在0.01mm/1000mm以内。

② 把螺母座固定后，采用专业测量夹具测量出螺母座孔与基准导轨正、侧向间的距离。

③ 采用整体式专用心棒找正轴承孔与基准导轨正、侧向的平行度，使其误差在0.01mm/1000mm以内，采用专用测量夹具测量出轴承孔与基准导轨正、侧向间的距离，要求其与基准导轨正、侧向的距离一致，允许误差为0.01mm。最后将轴承座固定。

以上方法采用整体式专用心棒，将心棒和定位套合二为一，消除了心棒与定位套之间的配合间隙，可靠地保证了轴承孔、螺母座孔与导轨的平行度；通过对实际距离的测量，使两端轴承支承孔与螺母座孔的同轴度也得到了可靠的保证。这样就降低了滚珠丝杠副的挠度和径向偏置载荷，提高了其安装精度。

2）在安装和使用时，要防止螺母脱离丝杠滚道表面，否则滚珠将散落。此时，滚珠丝杠螺母副将不能正常使用，严重时会引起设备事故。在丝杠螺母意外脱落时，可按如下方法把脱落的滚珠装回去。

① 找一根套管(套管外径和丝杠螺纹底径尺寸一致,套管内径和丝杠支承轴外径尺寸一致)，把套管套在丝杠支承轴上，把丝杠螺母旋到套管上。

② 当完全旋到套管上时，把套管连同丝杠螺母一同拔下来。

③ 把丝杠螺母滑到套管的一端，让螺母露出大概半圈滚珠(注意:不要把滚珠全部露出来,否则滚珠会脱落)，用细小的铁丝把滚珠的位置调整一下，露出一个或多个滚珠的位置，再把掉落的滚珠填进去。

④ 填好后，再把套管套在丝杠支承轴上，然后把螺母旋到丝杠上。

⑤ 向螺母注油孔注入润滑脂或润滑油，旋转螺母全行程移动两次以上，以确定运转顺畅，最后再注入一次润滑油、脂。

3）由于滚珠丝杠副的传动效率在90%以上，遇到不能自锁的场合，必须在丝杠上配置相应的自锁装置，可以在电动机上加装制动器(如抱闸等)，也可在轴上使用超越离合器或选择设计简易的制动装置。

4）为防止灰尘、污物、铁屑等杂物进入丝杠螺母副内，应在滚珠丝杠上安装防护装置，如螺旋式弹簧保护套、折叠式保护套等。

5）为了使滚珠丝杠副运转灵活，延长其使用寿命，必须进行充分润滑。

## 【任务评价】

二维工作台的拆装评分表见表3-2。

**表3-2 二维工作台的拆装评分表**

| 评价项目 | 评价内容 | 分值 | 个人评价 | 小组互评 | 教师评价 | 得分 |
|---|---|---|---|---|---|---|
| 理论知识 | 二维工作台的工作原理 | 10 | | | | |
| | 二维工作台传动的技术要求 | 10 | | | | |
| | 二维工作台的装调过程 | 10 | | | | |
| 实践操作 | 二维工作台机构的拆卸 | 10 | | | | |
| | 拆卸质量的检验 | 10 | | | | |
| | 滚珠丝杠的检查 | 10 | | | | |
| 操作规范 | 遵守操作规程 | 10 | | | | |
| | 职业素质规范化养成 | 10 | | | | |
| 学习态度 | 考勤情况 | 5 | | | | |
| | 遵守学习纪律 | 5 | | | | |
| | 团队合作 | 10 | | | | |
| 合 计 | | 100 | | | | |
| 成果分享 | 收获 | | | | | |
| | 不足 | | | | | |
| | 改进措施 | | | | | |

# 任务二　直线导轨的安装与调整

## 【教学目标】

教学目标：能够独立完成直线导轨的安装与调整。

促成教学目标：

1）了解直线导轨的工作原理与应用场合。

2）掌握直线导轨的安装技术要求。

3）掌握直线导轨的调整技术要求。

## 【工作任务】

对照 THMDZT—1 型实训装置中二维工作台的装配图(附图 3)，对其中的直线导轨(图 3-8)进行拆装与调整作业，达到两直线导轨的平行度误差不大于 0.02mm 的要求。

图 3-8　二维工作台的直线导轨

## 【任务分析】

读二维工作台装配图(附图 3)。读懂装配图中的必要尺寸，分析装配过程中和装配后直线导轨需要达到的技术要求，对其进行调整作业，使两直线导轨的平行度误差小于或等于 0.02mm。

直线导轨安装与调整用工具、量具见表 3-3。

表 3-3　直线导轨安装与调整用工具、量具

| 序　号 | 名　称 | 型号及规格 | 数　量 |
| --- | --- | --- | --- |
| 1 | 机械装调技术综合实训装置 | THMDZT—1 型 | 1 套 |
| 2 | 游标卡尺 | 300mm | 1 把 |
| 3 | 深度游标卡尺 | | 1 把 |
| 4 | 杠杆式百分表 | 0.8mm，含小磁性表座 | 1 套 |

（续）

| 序 号 | 名 称 | 型号及规格 | 数 量 |
|---|---|---|---|
| 5 | 大磁性表座 | | 1个 |
| 6 | 塞尺 | | 1把 |
| 7 | 直角尺 | | 1把 |
| 8 | 内六角扳手 | | 1套 |
| 9 | 橡胶锤 | | 1把 |
| 10 | 圆螺母扳手 | M16、M27圆螺母用 | 各1把 |
| 11 | 外用卡簧钳 | 直角、弯角 | 各1把 |
| 12 | 垫片 | | 若干 |
| 13 | 防锈油 | | 若干 |
| 14 | 纯铜棒 | | 1根 |
| 15 | 一字螺钉旋具 | | 1把 |
| 16 | 零件盒 | | 2个 |

**【相关知识】**

## 一、直线导轨简介

### 1. 直线导轨与分类

直线导轨可分为方形滚珠直线导轨、双轴心滚轮直线导轨和单轴心直线导轨。直线导轨又称线轨、滑轨、线性导轨、线性滑轨，用于直线往复运动场合，具有比直线轴承更高的额定负载，同时可以承受一定的转矩，可在高负载的情况下实现高精度的直线运动。

直线运动导轨的作用是支承和引导运动部件，使其按给定的方向作往复直线运动。根据摩擦性质的不同，直线导轨又可以分为滑动摩擦导轨、滚动摩擦导轨、弹性摩擦导轨、流体摩擦导轨等。

### 2. 直线导轨的工作原理及应用场合

直线导轨的材料为淬硬钢，经精磨后置于安装平面上。直线导轨横截面的几何形状比平面导轨复杂，其原因是直线导轨上需要加工出沟槽，以利于滑动元件的移动，沟槽的形状和数量取决于机床需要完成的功能。直线导轨的移动元件和固定元件之间不使用中间介质，而使用滚动钢球。因为滚动钢球适应于高速运动，其摩擦因数小、灵敏度高，可满足运动部件的工作要求，如机床的刀架、滑板等。机床的工作部件移动时，钢球就在支架沟槽中循环流动，把支架的磨损量分摊到各个钢球上，从而延长了直线导轨的使用寿命。为了消除支架与导轨之间的间隙，可预加负载来提高导轨系统的稳定性，预加负荷的获得是在导轨和支架之间安装超尺寸的钢球。

直线导轨的工作原理可以理解为一种滚动导引，即由钢球在滑块与导轨之间无限滚动循环，使负载平台能够沿着导轨作高精度的线性运动，并将摩擦因数降至传统滑动导引的1/50，从而轻易地达到很高的定位精度。

### 3. 直线导轨的特点

（1）自动调心功能　自动调心功能自圆弧沟槽的组合。安装时，借助钢球的弹性变形及接触点的转移，即使安装面存在偏差，也能被导轨滑块内部所吸收，产生自动调心能力，从而得到高精度、稳定的平滑运动。

（2）互换性　由于对生产制造精度的严格管控，直线导轨的尺寸能维持在一定的水平上，且滑块采用保持器的设计以防止钢球脱落。因此，部分系列精度具有互换性，可依实际需要选择导轨或滑块。

（3）所有方向都具有高刚性　运用四列式圆弧沟槽结构，配合四列钢球的45°接触角度，让钢球达到理想的两点接触构造，能承受来自上下和左右各方向的负荷。必要时还可施加预压以提高刚性。

## 二、直线导轨的安装与调整技术要点

**1. 在基础件上安装导轨副时对安装平面的精度要求**

同一平面内使用两根或两根以上导轨副时，其平面度可低于导轨副的运行精度。建议按图3-9所示选择精度要求。

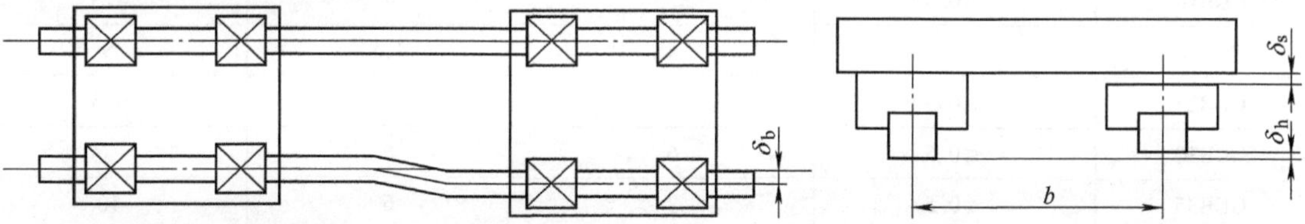


| 安装侧基面平行度误差$\delta_b$ | | | | 安装基面高度误差 $\delta_h=kb$ | | | | |
|---|---|---|---|---|---|---|---|---|
| 预载类型 | | | | | 预载类别 | | | |
| $p_0$ | $p_1$ | $p_2$ | $p_3$ | 计算系统 | $p_0$ | $p_1$ | $p_2$ | $p_3$ |
| 0.010 | 0.015 | 0.020 | 0.030 | $k$ | 0.00004 | 0.00006 | 0.00008 | 0.00012 |
| 基础件滑块安装面的高度误差为$\delta_s$= 0.00004$b$ | | | | | | | | |

图3-9　安装精度要求

**2. 导轨副连接基准面的结构形式（图3-10）**

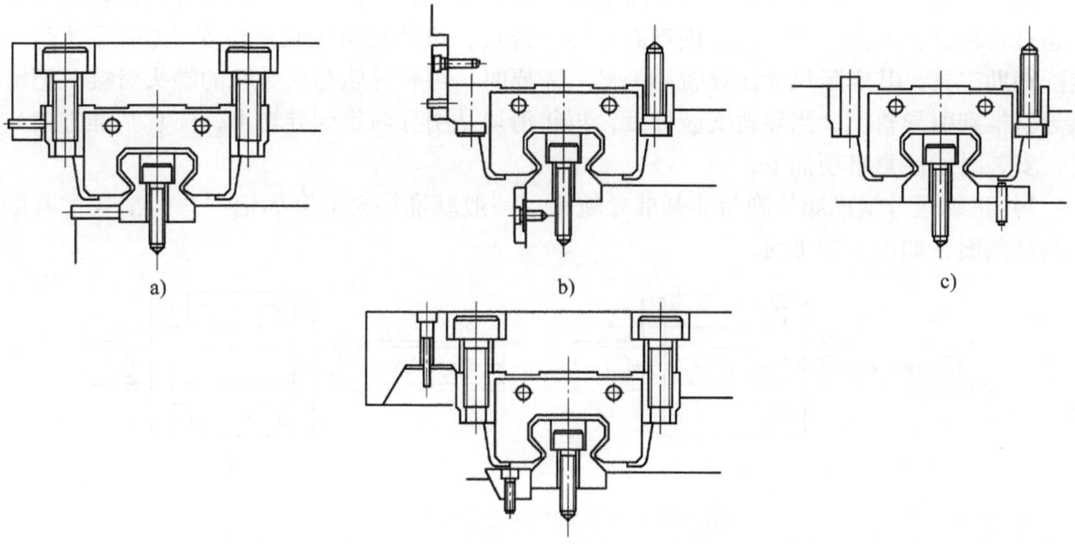

a)　b)　c)　d)

图3-10　导轨副连接基准面的结构形式

a）用紧固螺钉固定　b）用压板固定　c）用定位销固定　d）用楔块固定

**3. 安装基面的台肩高度及倒角形式（图 3-11）**

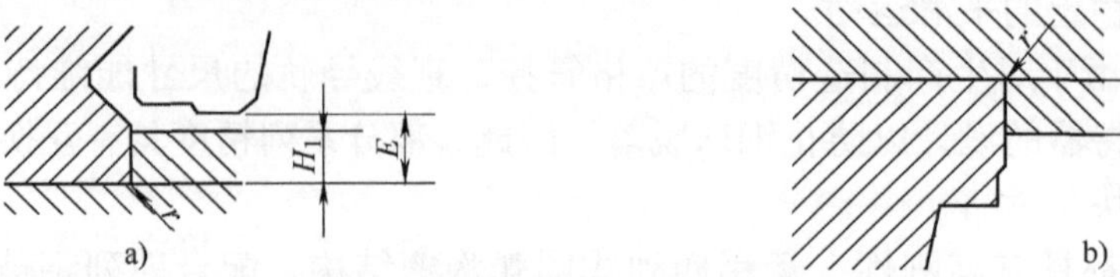


图 3-11 安装基面的台肩高度及倒角形式

a）导轨基准面 b）滑块基准面

将滑块和导轨安装在床身和工作台上时，为使滑块和导轨不与基础件发生干涉，可按表 3-4 中所列 $r$ 值进行加工或加工成清角槽。

**表 3-4 倒角尺寸** （单位：mm）

| 规 格 | 倒角 $r$ | 基面台肩高 $H_1$ | 基面台肩高 $H_2$ | $E$ |
|---|---|---|---|---|
| GGB16 | ≤0.3 | 3.5 | 4 | 4.5 |
| GGB20 | ≤0.5 | 4 | 4.5 | 5 |
| GGB25 | ≤0.5 | 5 | 6 | 6.5 |
| GGB30 | ≤0.5 | 6 | 6 | 7 |
| GGB35 | ≤0.5 | 7 | 6 | 10 |
| GGB45 | ≤0.7 | 8 | 8 | 11 |
| GGB55 | ≤0.7 | 11 | 8 | 13 |
| GGB65 | ≤1.0 | 12 | 10 | 14 |
| GGB85 | ≤1.0 | 13 | 12 | 16 |

**4. 滚动直线导轨副的安装与调整**

安装与使用时须轻拿轻放，避免因磕碰而影响导轨副的直线度。不允许将滑块拆离导轨或超过行程又推回去。若因安装困难需要拆下滑块，可使用引导轨进行安装(引导轨是一种装配辅助工具，其实际尺寸比导轨小一号。需要时，可将导轨与引导轨的端头对接，把滑块从导轨推到引导轨上，当导轨安装好后，再将滑块从引导轨推到导轨上，注意基准方向)。

安装时的注意事项如下：

1）正确区分基准导轨副与非基准导轨副。一般基准导轨上有标记“J”，滑块上有磨光的基准侧面，如图 3-12 所示。

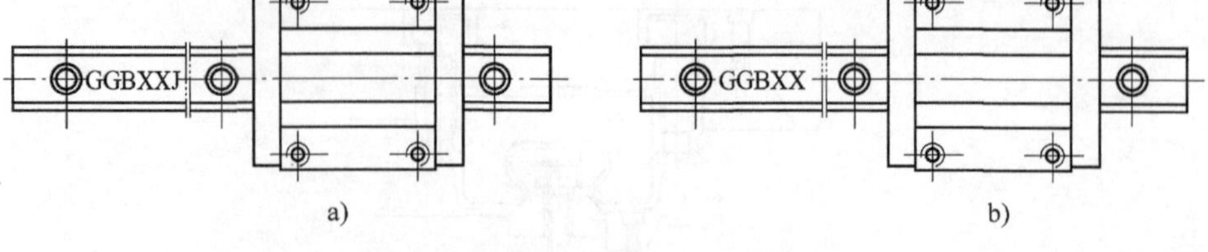


图 3-12 基准导轨副与非基准导轨副

a）基准导轨副 b）非基准导轨副

2）认清导轨副安装时所需的基准侧面，如图 3-13 和图 3-14 所示。

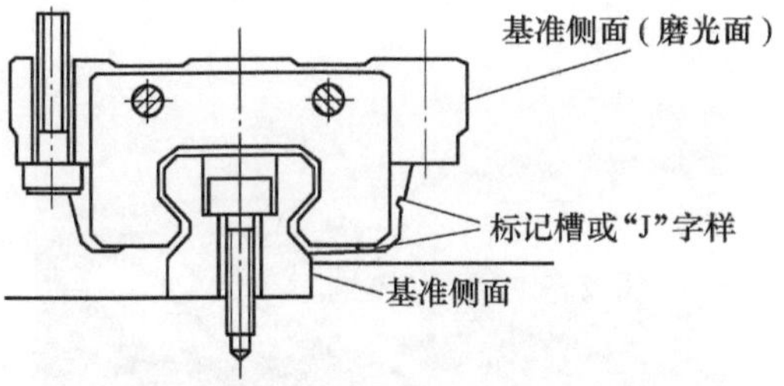


图 3-13　基准导轨副的基准面

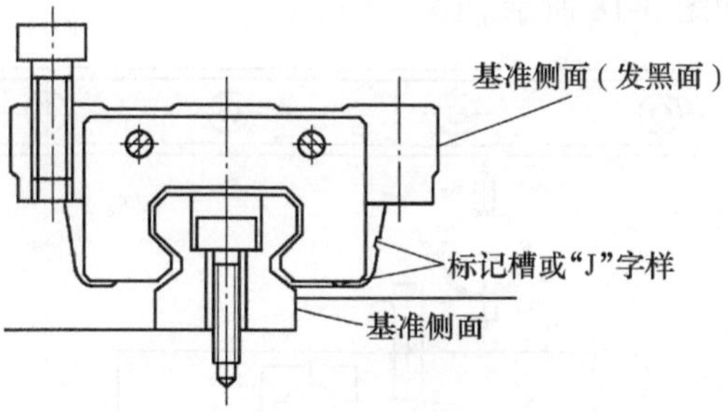


图 3-14　非基准导轨副的基准面

## 三、基准导轨的安装与调整

基准导轨副的安装方法有以下两种：

1）利用U形夹头将导轨的基准侧面与安装台阶的基准侧面夹紧，然后在该处用固定螺栓拧紧（建议采用配攻螺纹孔），由一端开始，依次将导轨固定，如图 3-15 所示。

2）无安装台阶时，将导轨一端固定后，按图 3-16 所示方法将指针靠在导轨的基准侧面，以量块为基准，自导轨的一端开始读取指针值校准直线度，并依次将导轨固定。

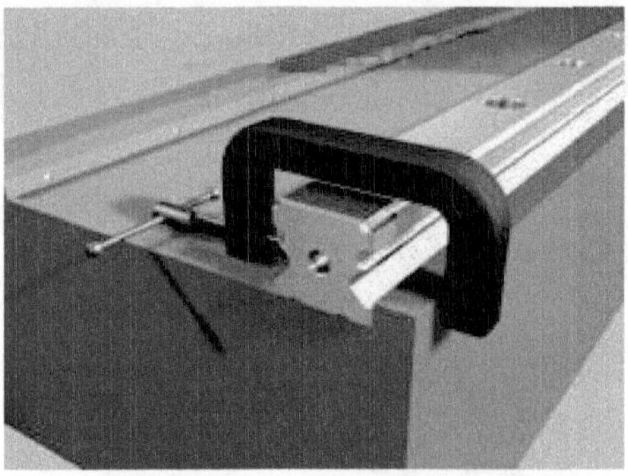

图 3-15　固定导轨

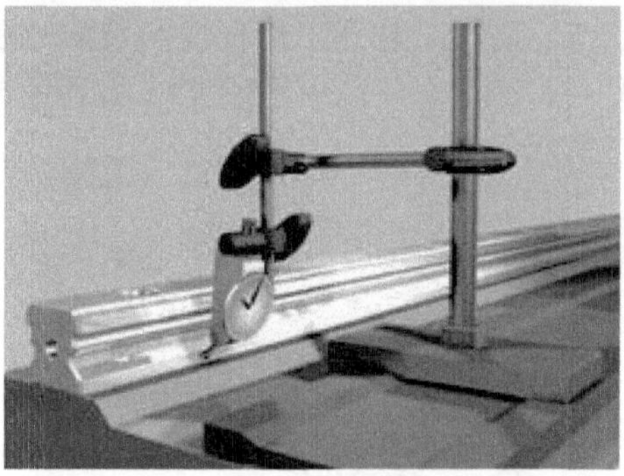

图 3-16　导轨的检测

拧紧紧固螺栓时，建议采用恒扭力扳手并按表 3-5 推荐的力矩值。

**表 3-5　推荐力矩值**　　（单位：N·m）

| 螺钉公称尺寸 | M4 | M5 | M6 | M8 | M10 | M12 | M16 |
|---|---|---|---|---|---|---|---|
| 力矩值 | 2.6~4.0 | 5.1~8.5 | 8.7~14 | 21.6~30.5 | 42.2~67.5 | 73.5~118 | 178~295 |

## 四、非基准导轨副的安装与调整

### 1. 非直线导轨副的安装方法

（1）移动工作台法　用夹具将基准导轨上的两个滑块连接起来，在夹具上方放置千分表，千分表测头接触非基准导轨的侧面。移动千分表，根据读数调整非基准导轨，然后用扭力扳手拧紧安装螺钉，如图 3-17 所示。

（2）直线量块法　如图 3-18 所示，将磁性表座固定在基准导轨副的滑块上，使指针顶住非基准导轨副的基准侧面，从导轨的一端开始读取数值，并顺次将非基准导轨副固定好，如图 3-18 所示。

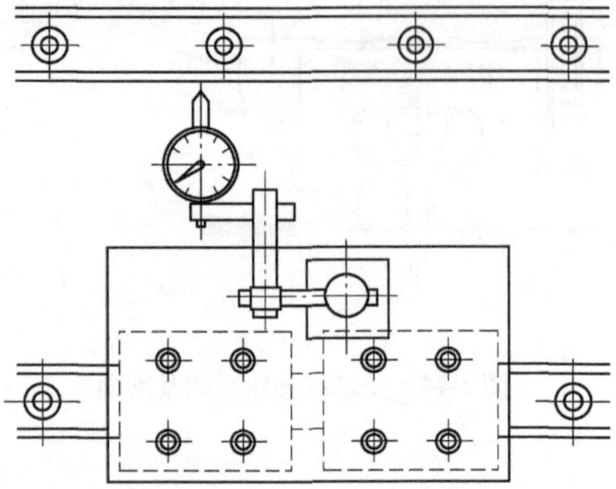

图 3-17　移动工作台法

图 3-18　直线量块法

（3）仿效基准导轨法　将工作台安装在基准导轨与稍微拧紧的非基准导轨的滑块上，将基准导轨的 2 个滑块与非基准导轨的 1 个滑块用螺栓固定好，剩下的滑块轻轻地拧上。移动工作台，一边确认滚动阻力，一边按顺序拧紧非基准导轨的安装螺栓，如图 3-19 所示。

**2. 滚动直线导轨副的防护与润滑**

（1）防护　注意工作环境与装配过程中的清洁，不能有铁屑、杂质、灰尘等粘附在导轨副上。若工作环境中有粉尘，除利用导轨的密封装置外，还应考虑增加防尘装置，如图 3-20 所示。

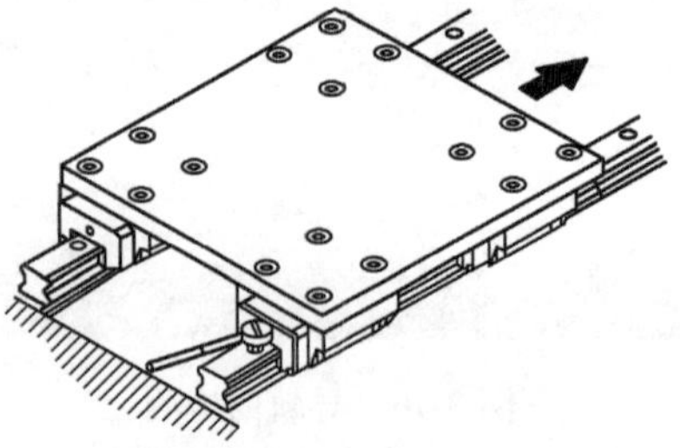

图 3-19　仿效基准导轨法

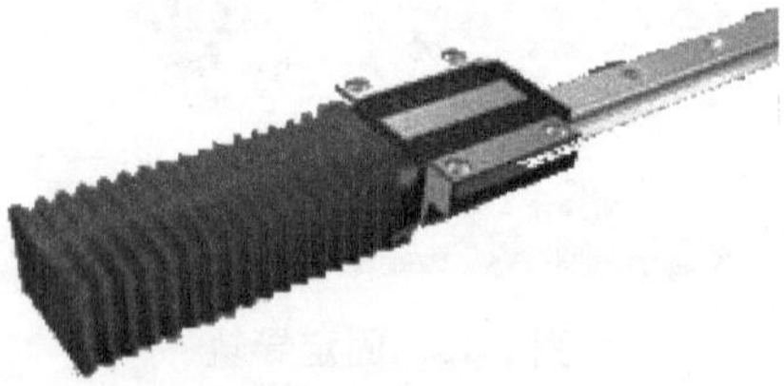

图 3-20　防尘装置

（2）润滑　润滑的主要目的是减少摩擦和磨损，以防止因过热而破坏导轨的内部结构，影响导轨副的运动功能。当滚动直线导轨副的运行速度为高速时（$v \geqslant 15m/min$），推荐使用 N32 全损耗系统用油（GB/T 443—1989），定期润滑或接油管强制润滑，如图 3-21 所示；低速时（$v<15m/min$），推荐使用锂基润滑脂润滑。

图 3-21　导轨的润滑

## 【任务实施】

**1. 清理**

安装前须清除安装表面上的毛刺、伤痕及污物，清洗擦拭滚动导轨上的防锈油，如图 3-22 所示。防锈油除掉后，基准面容易生锈，推荐涂抹黏度低的主轴用润滑油来防锈。

**2. 对齐基准**

1）将轨道轻轻地放置在底座上，不完全锁紧装配螺栓，使轨道与安装面轻轻地靠紧，底座的横向基准面要与轨道有标记线的一侧对上，如图 3-23 所示。

2）使用干净的装配螺栓固定滚动导轨。在将装配螺栓插入轨道的安装孔时，要事先确认螺栓孔是否吻合，如图 3-24 所示。如果螺栓孔不吻合而强行拧入螺栓，则会降低精度。

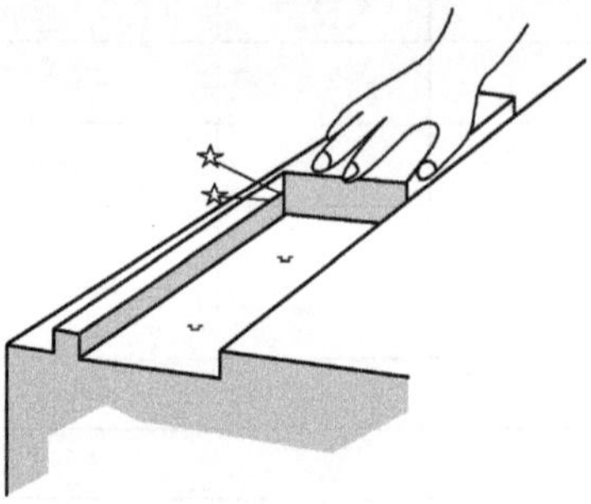

图 3-22　清理安装面

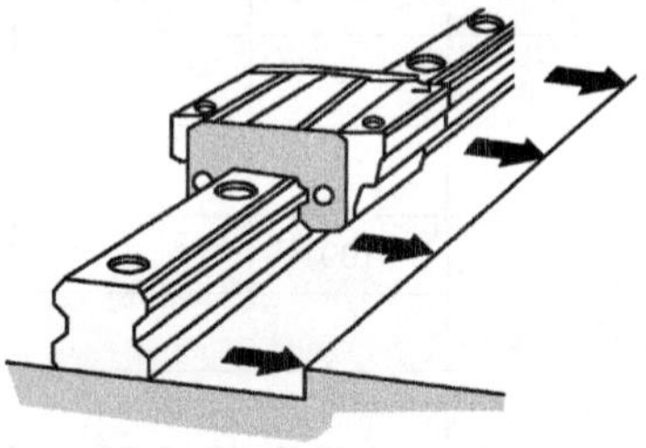

图 3-23　将基准面对上轨道

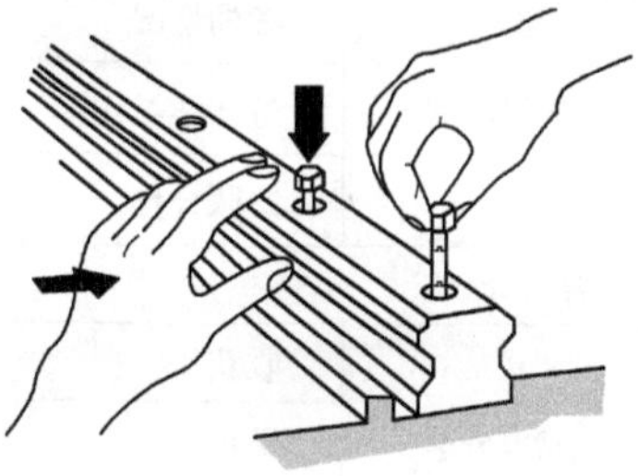

图 3-24　确认螺栓孔是否吻合

**3. 拧紧锁紧螺栓**

按顺序将轨道的锁紧螺栓拧紧，使轨道与横向安装面紧靠，如图 3-25 所示。

**4. 紧固**

使用扭力扳手，将装配螺栓按规定的力矩从中央位置向轴端部依次拧紧，这样可获得稳定的精度，如图 3-26 所示。

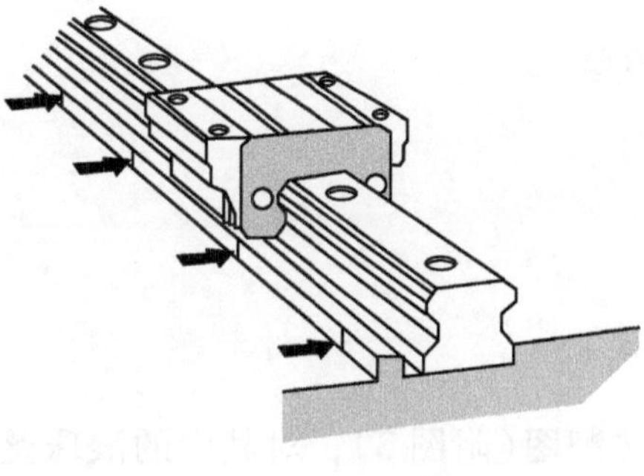

图 3-25　拧紧锁紧螺栓

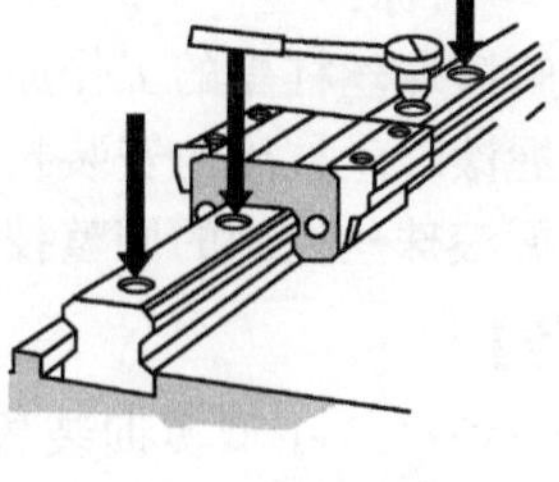

图 3-26　拧紧装配螺栓

其余的轨道也按同样的方法安装，直到全部安装完成。

## 【任务评价】

直线导轨的安装与调整评分表见表 3-6。

表 3-6　直线导轨的安装与调整评分表

| 评价项目 | 评价内容 | 分值 | 个人评价 | 小组互评 | 教师评价 | 得分 |
|---|---|---|---|---|---|---|
| 理论知识 | 直线导轨的工作原理 | 10 | | | | |
| | 直线导轨的调整要求与方法 | 10 | | | | |
| | 直线导轨的装调 | 10 | | | | |
| 实践操作 | 直线导轨装调操作 | 10 | | | | |
| | 导轨装调精度的检查 | 10 | | | | |
| | 滚珠滑块试运行 | 10 | | | | |
| 操作规范 | 遵守操作规程 | 10 | | | | |
| | 职业素质规范化养成 | 10 | | | | |
| 学习态度 | 考勤情况 | 5 | | | | |
| | 遵守学习纪律 | 5 | | | | |
| | 团队合作 | 10 | | | | |
| 合　计 | | 100 | | | | |
| 成果分享 | 收获 | | | | | |
| | 不足 | | | | | |
| | 改进措施 | | | | | |

# 任务三　滚珠丝杠副的安装与调整

## 【教学目标】

教学目标：能够独立完成滚珠丝杠副的安装与调整。

促成教学目标：

1）了解滚珠丝杠副的工作原理与应用场合。

2）掌握滚珠丝杠副的安装技术要求。

3）掌握滚珠丝杠副的调整技术要求。

## 【工作任务】

对照 THMDZT—1 型实训装置中二维工作台的装配图（附图 3），对其中的滚珠丝杠副（图 3-27）进行安装与调整，并达到预期的工作要求。

## 【任务分析】

读二维工作台装配图（附图 3），读懂图中的必要尺寸，分析装配过程中和装配后需达到的技术要求，按工作要求对其中的滚珠丝杠副进行安装与调整。

滚珠丝杠副安装与调整用工具、量具见表 3-7。

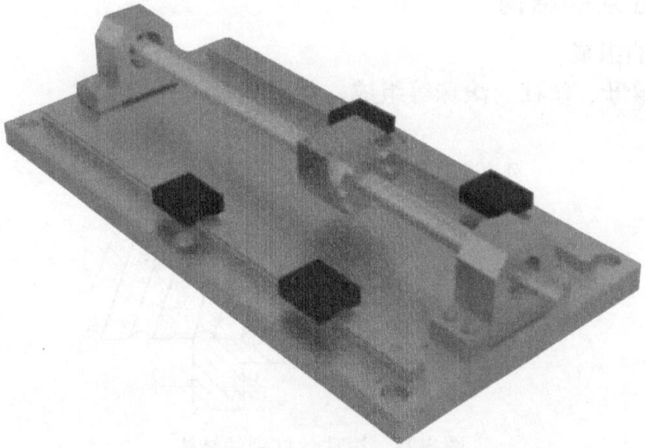

图 3-27　滚珠丝杠副

**表 3-7　滚珠丝杠副安装与调整用工具、量具**

| 序　号 | 名　称 | 型号及规格 | 数　量 |
|---|---|---|---|
| 1 | 机械装调技术综合实训装置 | THMDZT—1 型 | 1 套 |
| 2 | 游标卡尺 | 300mm | 1 把 |
| 3 | 深度游标卡尺 | | 1 把 |
| 4 | 杠杆式百分表 | 0.8mm，含小磁性表座 | 1 套 |
| 5 | 大磁性表座 | | 1 个 |
| 6 | 塞尺 | | 1 把 |
| 7 | 直角尺 | | 1 把 |
| 8 | 内六角扳手 | | 1 套 |
| 9 | 橡胶锤 | | 1 把 |
| 10 | 圆螺母扳手 | M16、M27 圆螺母用 | 各 1 把 |
| 11 | 外用卡簧钳 | 直角、弯角 | 各 1 把 |
| 12 | 垫片 | | 若干 |
| 13 | 防锈油 | | 若干 |
| 14 | 纯铜棒 | | 1 根 |
| 15 | 一字螺钉旋具 | | 1 把 |
| 16 | 零件盒 | | 2 个 |

## 【相关知识】

### 一、滚珠丝杠副简介

滚珠丝杠副传动机构主要是将旋转运动变成直线运动，同时进行能量和力的传递，或用于调整零件的相互位置。其特点是传动精度高、工作平稳、无噪声、易于自锁、能传递较大的力，故在机械传动中应用广泛，如车床的纵、横向进给机构，钳工的台虎钳等。

## 二、滚珠丝杠副的结构

### 1. 滚珠丝杠副的组成

滚珠丝杠副由螺母、丝杠、滚珠等组成，如图 3-28 所示。

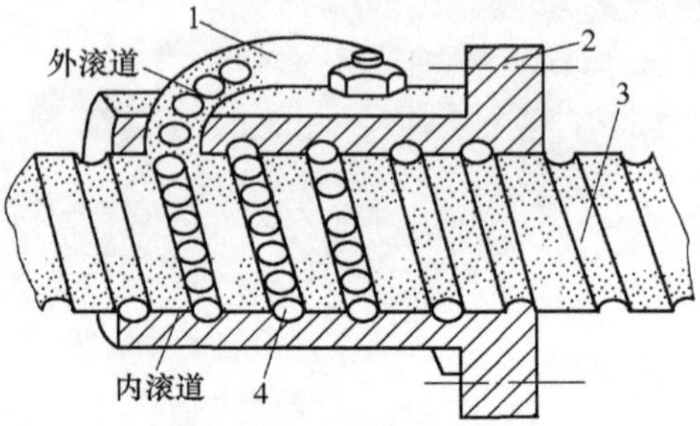


图 3-28　滚珠丝杠副的结构

1—反向器　2—螺母　3—丝杠　4—滚珠

### 2. 滚珠的循环方式

常用的滚珠循环方式有外循环（图 3-29）和内循环两种（图 3-30）。

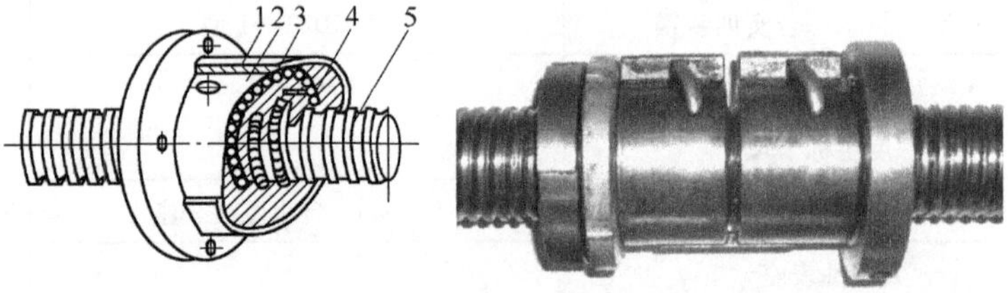


a)

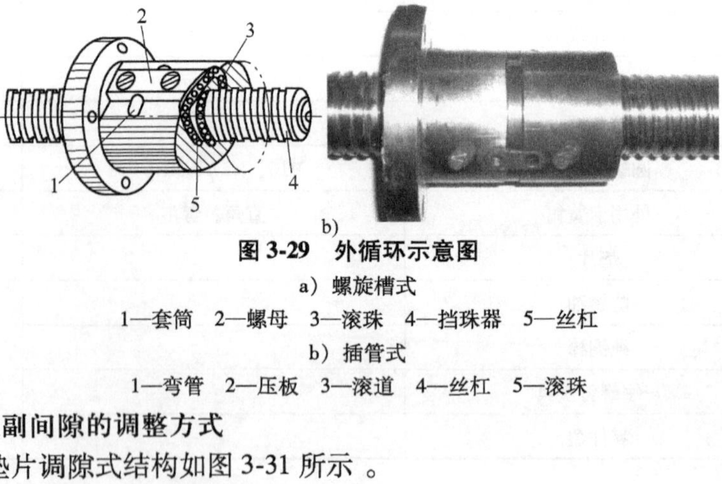


b)

**图 3-29　外循环示意图**

a）螺旋槽式

1—套筒　2—螺母　3—滚珠　4—挡珠器　5—丝杠

b）插管式

1—弯管　2—压板　3—滚道　4—丝杠　5—滚珠

### 3. 滚珠丝杠副间隙的调整方式

1）双螺母垫片调隙式结构如图 3-31 所示 。

2）双螺母螺纹调隙式结构如图 3-32 所示。

3）双螺母齿差调隙式结构如图 3-33 所示。

## 三、滚珠丝杠副的工作原理与特点

滚珠丝杠副的工作原理如图 3-34 所示。在丝杠 4 和螺母 1 上都有半圆弧形的螺旋槽，将它们套装在一起时便形成了滚珠的螺母滚道。螺母上有滚珠回路管道 3，将几圈螺母滚道的两端连接起来构成封闭的循环滚道，并在滚道内装满滚珠 2。当丝杠旋转时，滚珠在滚道

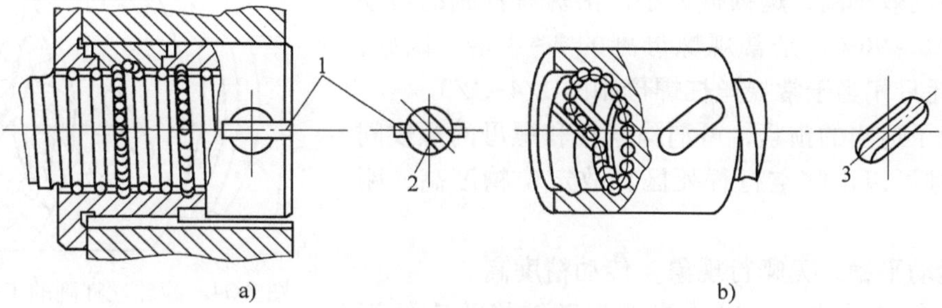


图 3-30　内循环示意图

1—凸键　2、3—反向器

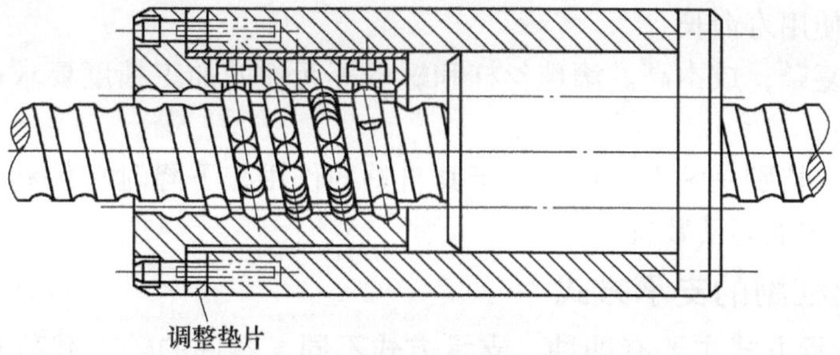


图 3-31　双螺母垫片调隙式结构

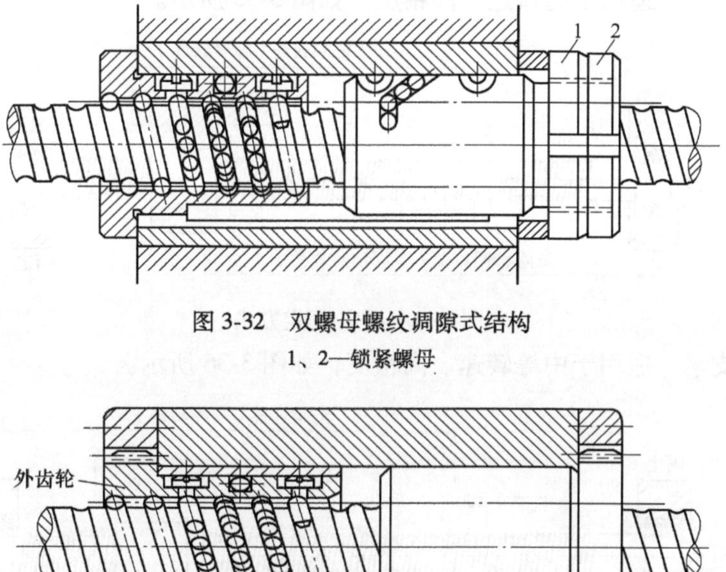


图 3-32　双螺母螺纹调隙式结构

1、2—锁紧螺母

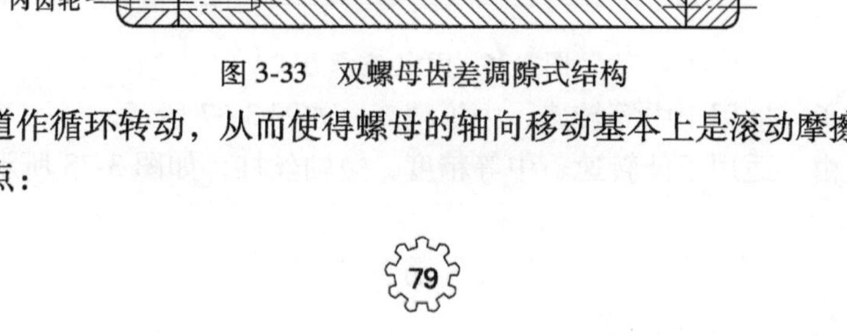


图 3-33　双螺母齿差调隙式结构

内既自转又沿滚道作循环转动，从而使得螺母的轴向移动基本上是滚动摩擦。所以，滚珠丝杠副具有以下特点：

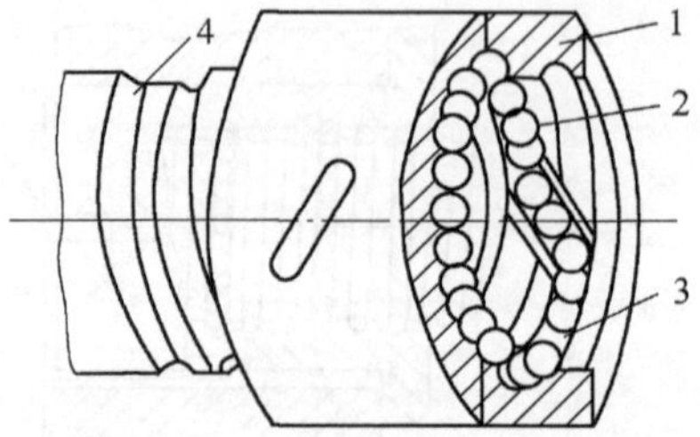

图 3-34　滚珠丝杠副的工作原理
1—螺母　2—滚珠　3—回路管道　4—丝杠

1）传动效率高，磨损损失小。滚珠丝杠副的传动效率为 92%～96%，是常规螺母副的 3～4 倍。因此，其功率消耗只相当于常规丝杠螺母副的 1/4～1/3。

2）给予适当的预紧，可消除丝杠和螺母的螺纹间隙，反向时可以消除空行程死区，故定位精度高、刚性好。

3）运动平稳，无爬行现象，传动精度高。

4）具有可逆性，可以从旋转运动转换为直线运动，也可以从直线运动转换为旋转运动，即丝杠和螺母都可以作为主动件。

5）磨损小，使用寿命长。

6）制造工艺复杂，成本高。滚珠丝杠和螺母等元件的加工精度要求高，表面粗糙度值小，故制造成本高。

7）不能自锁。特别是垂直丝杠，由于其自重的作用，下降时在传动切断后，不能立即停止运动，故需要添加制动装置。

## 四、滚珠丝杠副的支承方式

滚珠丝杠的支承方式主要有四种，支承方式不同，容许的轴向载荷及回转速度也有所不同。

（1）固定-固定　适用于高转速、高精度，如图 3-35 所示。

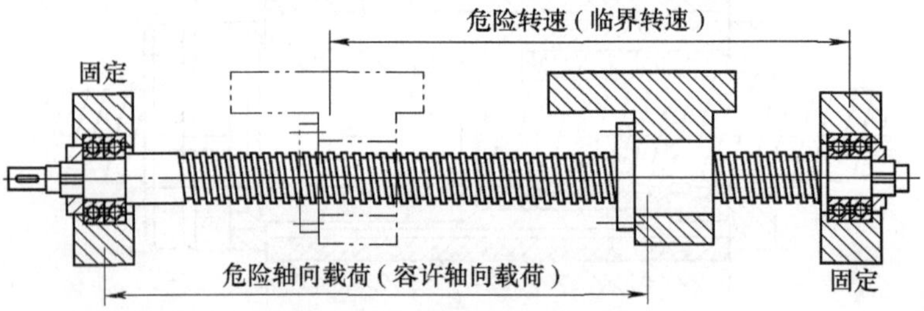

图 3-35　固定-固定方式

（2）固定-支承　适用于中等转速、高精度，如图 3-36 所示。

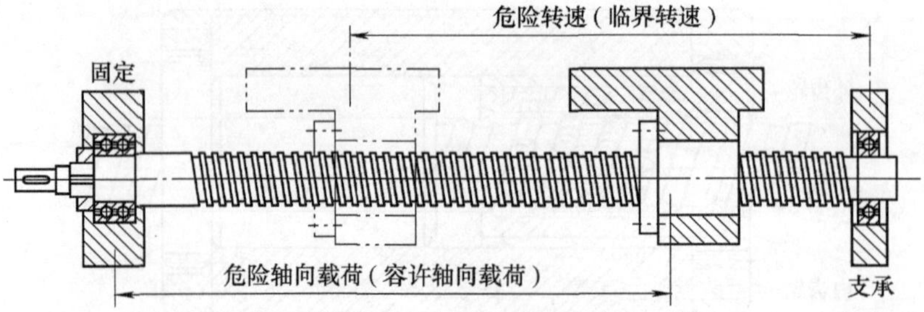

图 3-36　固定-支承方式

（3）支承-支承　适用于中等转速、中等精度，如图 3-37 所示。

（4）固定-自由　适用于低转速、中等精度，短轴丝杠，如图 3-38 所示。

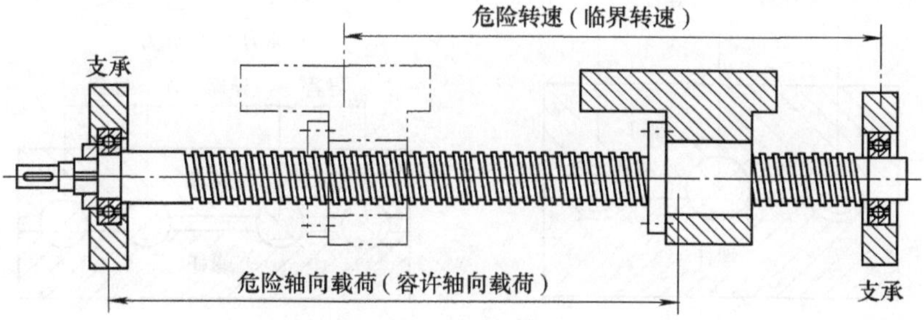


图 3-37　支承-支承方式

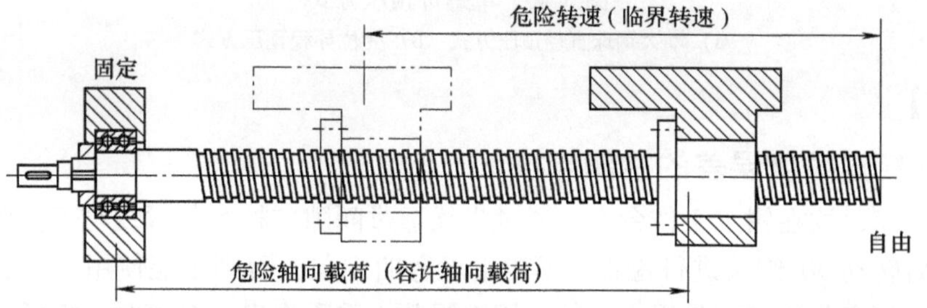


图 3-38　固定-自由方式

## 五、滚珠丝杠副的预压方式

为防止滚珠丝杠副传动系统的任何失位，保证传动精度，消除轴向背隙并增加刚性，要提高螺母的接触刚度，必须对其施加一定的预压力。

**1. 双螺母预压方式**

此预压力由两螺母间的预压片产生，拉伸预压是由过大的预压片有效地挤压分开螺母，如图 3-39a 所示；压缩预压是用过小预压片，再以螺栓将螺母拉在一起。

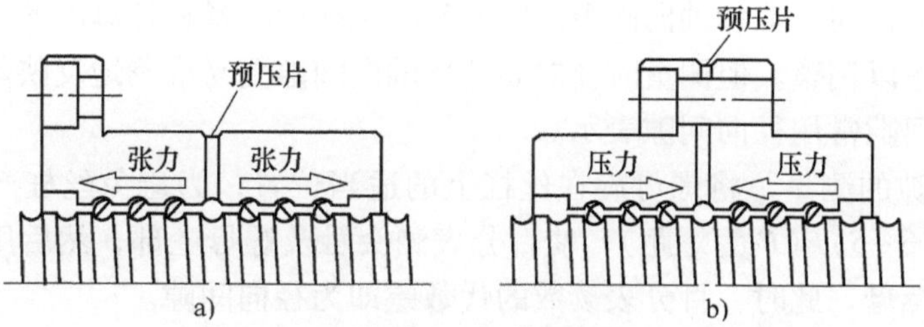


图 3-39　双螺母预压方式
a）拉伸预压　b）压缩预压

**2. 单螺母预压方式**

单螺母有两种预压方式：一种称为增大钢珠直径预压方式，这种方式中的钢珠比珠槽空间大(过大钢珠)，使钢珠产生四点接触，如图 3-40a 所示；另一种称为变位导程预压方式，其在螺母节距上有 $\delta$ 的偏移量，如图 3-40b 所示。这种方式用来取代传统的双螺母预压方式，其在螺母长度较短及预压力较小的情况下具有较高的刚性。然而，此方式不适用于预压力太大的情况，最好将预压力设计在动负荷的 5%以下。

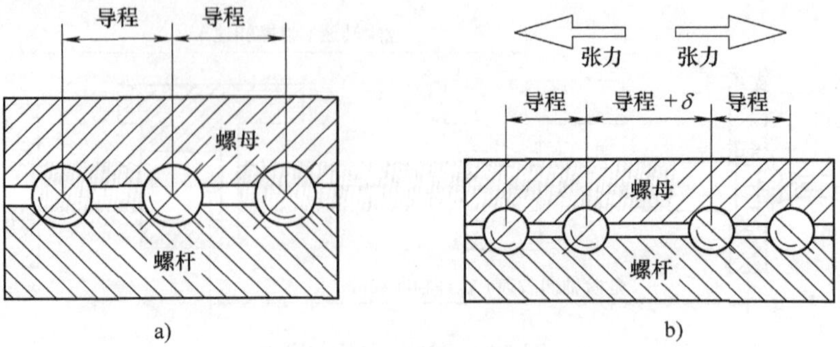


图 3-40　单螺母预压方式

a）增大钢珠直径预压方式　b）变位导程预压方式

## 【任务实施】

### 一、丝杠直线度误差的检测与校正

将丝杠擦净，放在钳工工作台上，通过光线透过间隙，检查其素线与工作台面的缝隙是否均匀；然后转动 90°继续进行检查，不能出现弯曲现象，否则不能使用。一般来说，需要校直的丝杠，其弯曲度都不是很大，甚至用肉眼几乎看不出来。校直时，将丝杠的弯曲点置于两 V 形架的中间，然后在螺旋压力机上沿弯曲点和弯曲方向反向施加力 $F$，即可使弯曲部分产生塑性变形而达到校直的目的。

校直丝杠时，丝杠被反向压弯，测量并记录最低点与底面间的距离 $C$；然后去掉外力 $F$，用百分表(最好用圆片式测头)测量其弯曲度。如果丝杠还未被校直，可加大外力 $F$，并参考上次的 $C$ 值决定本次 $C$ 值的大小。

丝杠校直完毕后，要重新测量直线度误差，符合技术要求后，将其悬挂起来备用。

### 二、丝杠螺母副配合间隙的测量及调整

配合间隙包括径向间隙和轴向间隙。轴向间隙直接影响丝杠螺母副的传动精度，因此需要采用消隙机构予以调整。但测量时径向间隙比轴向间隙更易准确地反映丝杠螺母副的配合精度，所以配合间隙常用径向间隙表示。

（1）径向间隙的测量　将螺母旋在丝杠上的适当位置，为避免丝杠产生弹性变形，螺母离丝杠一端约(3~5)$P$($P$ 为螺距)，使百分表测头触及螺母上部，然后用稍大于螺母重量的力提起和压下螺母。此时，百分表读数的代数差即为径向间隙。

（2）轴向间隙的调整　无消隙机构的丝杠螺母副，用单配或选配的方法决定合适的配合间隙；有消隙机构的丝杠螺母副，则根据单螺母或双螺母结构采用下列方法调整间隙。

1）单螺母结构。磨刀机上常采用此机构，它使螺母与丝杠始终保持单向接触。装配时，可调整或选择适当的弹簧拉力、液压缸压力、重锤重量，以消除轴向间隙。

单螺母结构中，消隙机构的消隙力方向必须与切削分力 $F_x$ 的方向一致，以防进给时产生爬行而影响进给精度。

2）双螺母结构。双螺母结构中，可以调整轴向相对位置，从而消除螺母与丝杠之间的轴向间隙并实现预紧。图 3-41 所示为双螺母消隙机构。图 3-41a 所示为利用楔块消隙的机构。调整时，先松开螺钉 3，再拧动螺钉 1，使楔块 2 向上移动，以推

动带斜面的螺母右移，从而消除轴向间隙，调好后用螺钉 3 锁紧。机床横向进给机构就是这样消除间隙的。图 3-41b 所示为利用弹簧消除间隙的机构。调整时，转动调节螺母 6，通过垫圈 5 及压缩弹簧 4，使螺母 7 沿轴向移动，以消除轴向间隙。图 3-41c 所示为利用垫片厚度消除轴向间隙的机构。丝杠螺母磨损后，通过修磨垫片来消除轴向间隙。

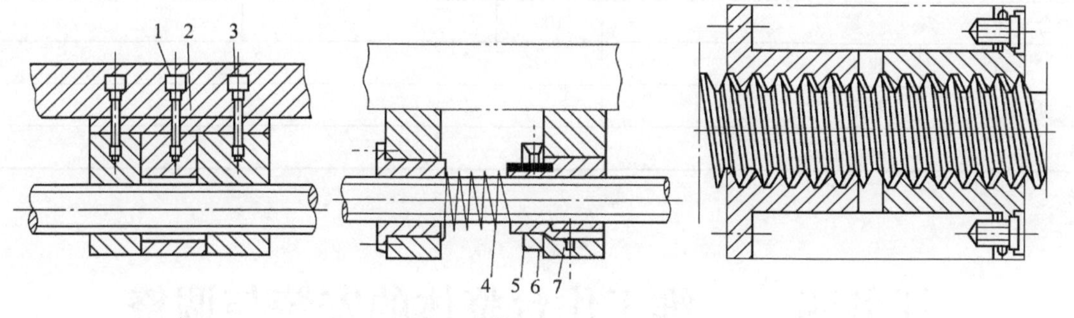


图 3-41　双螺母消隙机构

1、3—螺钉　2—楔块　4—压缩弹簧　5—垫圈　6—调节螺母　7—螺母

## 三、滚珠丝杠副的装配要求

滚珠丝杠副传动机构在装配时，为了提高丝杠的传动精度和定位精度，必须认真调整滚珠丝杠副的配合精度，一般应满足以下要求：

1）保证径向和轴向配合间隙达到规定要求。

2）丝杠与螺母的同轴度及丝杠轴线与基准面的平行度应符合要求。

3）丝杠与螺母相互转动应灵活，在旋转过程中无时松时紧和阻滞现象。

4）丝杠的回转精度应在规定范围内。

## 【任务评价】

滚珠丝杠副的安装与调整评价表见表 3-8。

**表 3-8　滚珠丝杠副的安装与调整评价表**

| 评价项目 | 评价内容 | 分值 | 个人评价 | 小组互评 | 教师评价 | 得分 |
|---|---|---|---|---|---|---|
| 理论知识 | 滚珠丝杠副的工作原理 | 10 | | | | |
| | 滚珠丝杠副调整的要求与方法 | 10 | | | | |
| | 滚珠丝杠副的装调过程 | 10 | | | | |
| 实践操作 | 滚珠丝杠副装调操作 | 10 | | | | |
| | 滚珠丝杠副装调精度检验 | 10 | | | | |
| | 滚珠丝杠副试运行 | 10 | | | | |
| 操作规范 | 遵守操作规程 | 10 | | | | |
| | 职业素质规范化养成 | 10 | | | | |

（续）

| 评价项目 | 评价内容 | 分值 | 个人评价 | 小组互评 | 教师评价 | 得分 |
|---|---|---|---|---|---|---|
| 学习态度 | 考勤情况 | 5 | | | | |
| | 遵守学习纪律 | 5 | | | | |
| | 团队合作 | 10 | | | | |
| 合　计 | | 100 | | | | |
| 成果分享 | 收获 | | | | | |
| | 不足 | | | | | |
| | 改进措施 | | | | | |

# 任务四　二维工作台整体的安装与调整

## 【教学目标】

教学目标：能够综合运用二维工作台的安装与调整知识完成操作。

促成教学目标：

1）熟悉图样和零件清单、装配任务。

2）能够独立检查文件和零件的完备情况。

3）能够合理选择工具、量具。

4）掌握二维工作台的安装与调整技术要点。

## 【工作任务】

对照 THMDZT—1 型实训设备中二维工作台的装配图（附图 3），使用相关工具、量具，进行二维工作台的安装与调整，并达到以下要求。

1）以底板 30 的侧面（磨削面）为基准面 $A$，直线导轨 29 与此基准面的平行度误差不大于 0.02mm。

2）两直线导轨 29 的平行度误差不大于 0.02mm。

3）调整轴承座垫片及轴承座，使丝杠 13 两端等高且位于两直线导轨 29 的对称中心。

4）调整螺母支座 10 与中滑板 50 之间的垫片，用齿轮（手轮）转动丝杠 13，中滑板 50 移动应平稳灵活。

5）以中滑板 50 的侧面（磨削面）为基准面 $B$，直线导轨 44 与其平行度误差不大于 0.02mm。

6）中滑板 50 上的直线导轨与底板 30 上直线导轨的垂直度误差不大于 0.02mm。

7）两直线导轨 44 的平行度误差不大于 0.02mm。

8）调整轴承座垫片及轴承座，使丝杠 34 两端等高且位于两直线导轨 44 的对称中心。

9）调整螺母支座 10 与上滑板之间的垫片，用手轮 32 转动丝杠，上滑板 45 移动应平稳灵活。

## 【任务分析】

本任务为工作台的总装与调整，即结合前三个任务所掌握的基本技能进行综合操作。二维工作台整体安装与调整用工具、量具见表3-9。

表3-9　二维工作台整体安装与调整用工具、量具

| 序　号 | 名　称 | 型号及规格 | 数　量 |
|---|---|---|---|
| 1 | 机械装调技术综合实训装置 | THMDZT—1型 | 1套 |
| 2 | 游标卡尺 | 300mm | 1把 |
| 3 | 深度游标卡尺 | | 1把 |
| 4 | 杠杆式百分表 | 0.8mm，含小磁性表座 | 1套 |
| 5 | 大磁性表座 | | 1个 |
| 6 | 塞尺 | | 1把 |
| 7 | 直角尺 | | 1把 |
| 8 | 内六角扳手 | | 1套 |
| 9 | 橡胶锤 | | 1把 |
| 10 | 圆螺母扳手 | M16、M27圆螺母用 | 各1把 |
| 11 | 外用卡簧钳 | 直角、弯角 | 各1把 |
| 12 | 垫片 | | 若干 |
| 13 | 防锈油 | | 若干 |
| 14 | 纯铜棒 | | 1根 |
| 15 | 一字螺钉旋具 | | 1把 |
| 16 | 零件盒 | | 2个 |

## 【相关知识】

**1. 变速箱与二维工作台传动机构的安装与调整**

1）把二维工作台安装在铸件底板上，利用百分表调整二维工作台丝杠与变速箱输出轴之间的平行度。

2）通过对调整垫片的调整，使变速箱输出齿轮和二维工作台输入齿轮的错位量大不于齿轮厚度的5%，并调整两齿轮的啮合间隙，然后用轴端挡圈分别将其固定在相应的轴上。

3）旋紧底板螺钉，固定底板。

**2. 变速箱与小锥齿轮部分链传动的安装**

1）用钢直尺，通过对调整垫片的调整，使两链轮的端面共面，然后用轴端挡圈将两链轮固定在相应的轴上。

2）用截链器将链条裁到合适的长度。

3）移动小锥齿轮底板的前后位置，减小两链轮的中心距，将链条安装好；移动小锥齿轮底板的前后位置，调整链条的张紧程度。

**3. 间歇回转工作台与齿轮减速器的安装**

1）调节小锥齿轮部分，使得两直齿圆柱齿轮正常啮合，通过加调整垫片（铜片）调整两直齿圆柱齿轮的错位量，使其不大于齿轮厚度的5%。

2）调节齿轮减速器的位置，使两锥齿轮正常啮合，通过加调整垫片（铜片）调整两锥齿轮的齿侧间隙。

3）旋紧底板螺钉，固定底板。

**4. 齿轮减速器与自动压力机同步带传动的安装与调整**

1）用轴端挡圈分别将同步带轮装在减速机输出端和自动压力机的输入端。

2）通过自动压力机上的腰形孔调节压力机的位置，减小两带轮的中心距，将同步带装在带轮上。

3）调节自动压力机的位置，将同步带张紧，用1m的钢直尺进行测量，通过调整垫片调整两同步带端面共面。

4）旋紧底板螺钉，固定底板。

**5. 手动试运行**

在变速箱的输入同步带轮上安装手柄，转动同步带轮，检查各个传动部件是否正常运行。

**6. 电动机与变速箱同步带传动的安装与调整**

1）将同步带轮（一）（附图6）固定在电动机输出轴上。

2）用轴端挡圈将同步带轮（三）固定在变速箱的输入轴上。

3）调节同步带轮（一）在电动机输出轴上的位置，将同步带轮（一）和同步带轮（三）调整到同一平面上。

4）通过电动机底座上的腰形孔调节电动机的位置，减小两带轮的中心距，将同步带装在带轮上。

5）调节电动机的前后位置，将同步带张紧，完成电动机与变速箱带传动的安装与调整。

6）旋紧底板螺钉，固定底板。

## 【任务实施】

**1. 安装直线导轨29**

1）以底板30的侧面（磨削面）为基准面$A$，调整底板30的方向，将基准面$A$朝向操作者，以便以此面为基准安装直线导轨。

2）将直线导轨29中的一根放到底板30上，使导轨的两端靠在底板30的导轨定位块49上（如果导轨由于固定孔位限制不能靠在导轨定位块上，可在导轨与导轨定位块之间增加调整垫片），用M4×16的内六角圆柱头螺钉预紧该直线导轨（加弹簧垫圈）。

3）按照导轨安装孔中心到基准面$A$的距离要求（用深度游标卡尺测量），调整直线导轨29与导轨定位块49之间的调整垫片，使其达到图样要求。

4）将杠杆式百分表吸在直线导轨29的滑块上，百分表的测头接触基准面$A$，沿直线导轨29滑动滑块，用橡胶锤调整导轨，同时增减调整垫片的厚度，使导轨29与基准面之间的平行度符合要求，然后将导轨29固定在底板30上，并压紧导轨定位装置。后续的安装工作均以该直线导轨为安装基准（以下称该导轨为基准导轨）。

5）将另一根直线导轨29放到底板上，用内六角圆柱头螺钉预紧此导轨，用游标卡尺测量两导轨之间的距离，通过调整导轨与导轨定位块之间的调整垫片，将两导轨的距离调整到所要求的距离。

6）以底板上安装好的导轨为基准，将杠杆式百分表吸在基准导轨的滑块上，使百分表的测头接触另一根导轨的侧面，沿基准导轨滑动滑块，用橡胶锤调整导轨，同时增减调整垫片的厚度，使两导轨的平行度符合要求。然后将此导轨固定在底板 30 上，并压紧导轨定位装置。

注意：预紧直线导轨时，螺钉的尾部应全部陷入沉孔，否则拖动滑块时螺钉尾部会与滑块发生摩擦，将导致滑块损坏。

**2. 安装丝杠 13**

1）用 M6×20 的内六角圆柱头螺钉（加 $\phi$6mm 平垫片、弹簧垫圈）将螺母支座 10 固定在丝杆杠 13 的螺母上。

2）利用轴承安装工具、铜棒、卡簧钳等工具，将端盖 3、轴承内隔圈 52、轴承外隔圈 51、角接触轴承 33、弹性挡圈 39、轴承 40 分别安装在丝杠 13 的相应位置。

注意：为了控制两角接触轴承的预紧力，轴承及轴承内、外隔圈应经过测量。

3）将轴承座 26 和 14 分别安装在丝杠上，用 M4×10 的内六角圆柱头螺钉将端盖 3 和 41 固定好。

注意：通过测量轴承座与端盖之间的间隙，选择相应的调整垫片。

4）用 M6×30 的内六角圆柱头螺钉（加 $\phi$6mm 平垫片、弹簧垫圈）将轴承座预紧在底板上。在丝杠主动端安装限位套管 53、M14×1. 5 的圆螺母 2、大齿轮 1、轴端挡圈 54、M4×10 的外六角螺钉 56 和键 31。

5）分别将丝杠螺母移动到丝杠的两端，用杠杆百分表判断两轴承座的中心是否等高。通过在轴承座下加入相应的调整垫片，使两轴承座的中心等高。

6）分别将丝杠螺母移动到丝杠的两端，同时将杠杆百分表吸在直线导轨 29 的滑块上，其测头接触丝杠螺母 9，沿直线导轨滑动滑块，用橡胶锤调整轴承座，使丝杠 13 与直线导轨 29 平行。

注意：禁止将滚珠丝杠的螺母旋出丝杠，否则将导致螺母损坏；轴承的安装方向必须正确。

**3. 安装中滑板 50 及直线导轨 44**

1）将等高块 12 分别放在直线导轨滑块 11 上，将中滑板 50 放在等高块 12 上（侧面经过磨削的面朝向操作者的左边），调整滑块的位置。用 M4×70 的内六角圆柱头螺钉（加 $\phi$4mm 弹簧垫圈）将等高块、中滑板固定在导轨滑块上。

2）用 M6×20 的内六角圆柱头螺钉将中滑板 50 和螺母支座 10 预紧在一起。用塞尺测量丝杠螺母支座与中滑板之间的间隙。

3）旋松 M4×70 的内六角圆柱头螺钉，选择相应的调整垫片加入丝杠螺母支座与中滑板之间的间隙中。

4）预紧中滑板上的 M4×70 的螺钉。用大磁性表座固定直角尺，使直角尺的一边与中滑板 50 左侧的基准面紧贴在一起。将杠杆百分表吸附在底板上的合适位置处，百分表触头打在直角尺的另一边上，同时将手轮 32 装在丝杠 34 的上面。摇动手轮使中滑板左右移动，观察百分表的示数是否发生变化。如果百分表示数不发生变化，则说明中滑板上的导轨与底板的导轨已经垂直；如果百分表示数发生了变化，可用橡胶锤轻轻敲打中滑板，使上、下两层导轨保持垂直。

5）将直线导轨44中的一根放到中滑板50上，使导轨的两端靠在中滑板50的导轨定位块49上（如果导轨由于固定孔位限制不能靠在定位块上，可在导轨与定位块之间增加调整垫片），用M4×16的内六角圆柱头螺钉预紧该直线导轨（加弹簧垫圈）。

6）按照导轨安装孔中心到基准面 *B* 的距离要求（用深度游标卡尺测量），调整直线导轨44与导轨定位块49之间的调整垫片，使其达到图样要求。

7）将杠杆百分表吸附在直线导轨44的滑块上，使百分表的测头接触基准面 *B*，沿直线导轨44滑动滑块，用橡胶锤调整导轨，同时增减调整垫片的厚度，使导轨与基准面之间的平行度符合要求。然将此导轨固定在中滑板50上，并压紧导轨定位装置。后续的安装工作均以该直线导轨为安装基准（以下称该导轨为基准导轨）。

8）将另一根直线导轨44放到底板上，用内六角圆柱头螺钉预紧此导轨，用游标卡尺测量两导轨之间的距离，通过调整导轨与导轨定位块之间的调整垫片，使两导轨间的距离符合要求。

9）以中滑板上安装好的导轨为基准，将杠杆百分表吸附在基准导轨的滑块上，百分表的测头接触另一根导轨的侧面。沿基准导轨滑动滑块，用橡胶锤调整导轨，同时增减调整垫片的厚度，使两导轨的平行度符合要求。然后将导轨固定在中滑板50上，并压紧导轨定位装置。

**4. 安装丝杠34**

1）用M6×20的内六角圆柱头螺钉（加 $\phi$6mm 平垫片、弹簧垫圈）将螺母支座10固定在丝杠34的螺母上。

2）利用轴承安装工具、铜棒、卡簧钳等工具，将端盖3、轴承内隔圈52、轴承外隔圈51、角接触轴承33、弹性挡圈39、轴承40分别安装在丝杠13的相应位置。

3）将轴承座26和14分别安装在丝杠上，用M4×10的内六角圆柱头螺钉将端盖3和41固定好。

4）用M6×30的内六角圆柱头螺钉（加 $\phi$6mm 平垫片、弹簧垫圈）将轴承座预紧在中滑板上。在丝杠主动端安装限位套管53、圆螺母2、手轮35、轴端挡圈54、外六角螺钉56和键31。

5）分别将丝杠螺母移动到丝杠的两端，用杠杆百分表判断两轴承座的中心是否等高。通过在轴承座下加入相应的调整垫片，使两轴承座的中心等高。

6）分别将丝杠螺母移动到丝杠的两端，同时将杠杆百分表吸附在直线导轨44的滑块上，使杠杆百分表的测头接触丝杠螺母9。沿直线导轨滑动滑块，用橡胶锤调整轴承座，使丝杠34与直线导轨44平行。

**5. 安装上滑板45**

1）将等高块12分别放在直线导轨滑块11上，将中滑板45放在等高块12上（侧面经过磨削的面朝向操作者），调整滑块的位置。用M4×70的内六角圆柱头螺钉（加 $\phi$4mm 弹簧垫圈）将等高块和中滑板固定在导轨滑块上。

2）用M6×20的内六角圆柱头螺钉将上滑板45和螺母支座10预紧在一起，用塞尺测量丝杠螺母支座与上滑板之间的间隙。

3）旋松M4×70的螺钉，选择相应的调整垫片加入丝杠螺母支座与上滑板之间的间隙中。

4）拧紧上滑板上的 M4×70 和 M6×20 螺钉，至此即完成了二维工作台的安装和调整。

## 【任务评价】

二维工作台整体的安装与调整评价表见表 3-10。

**表 3-10　二维工作台整体的安装与调整评价表**

| 评价项目 | 评价内容 | 分值 | 个人评价 | 小组互评 | 教师评价 | 得分 |
|---|---|---|---|---|---|---|
| 理论知识 | 二维工作台的装配要点 | 10 | | | | |
| | 二维工作台装配技术要求 | 10 | | | | |
| | 二维工作台基本知识 | 10 | | | | |
| 实践操作 | 滚珠丝杠副装调操作 | 10 | | | | |
| | 直线导轨装调精度的检测 | 10 | | | | |
| | 二维工作台试运行 | 10 | | | | |
| 操作规范 | 遵守操作规程 | 10 | | | | |
| | 职业素质规范化养成 | 10 | | | | |
| 学习态度 | 考勤情况 | 5 | | | | |
| | 遵守学习纪律 | 5 | | | | |
| | 团队合作 | 10 | | | | |
| 合计 | | 100 | | | | |
| 成果分享 | 收获 | | | | | |
| | 不足 | | | | | |
| | 改进措施 | | | | | |

## 【任务拓展】

### 一、拓展任务

二维工作台主要用于数控机床类设备中。通过之前的学习，基本掌握了二维工作台的安装与调整技能，现利用已经掌握的技能对数控机床的二维工作台进行安装与调整，使其精度满足使用要求。

数控机床二维工作台安装与调试所用设备及工具包括管螺纹车床数控工作台、百分表及磁性表架 1 套、检测平尺（300mm）1 把、活扳手 2 把、木柄螺钉旋具 2 把、内六角扳手 1 套。

### 二、任务分析

数控工作台是数控设备中的重要附件之一，它的主要功能是将两个数控工作台组装在一起后，构成 *X-Y* 数控工作台，实现两个坐标的定位和联动。数控工作台是由底座、导轨、滚珠丝杠副、电动机座、丝杠支承机构、滑板、行程开关、防护罩等部件组成的。管螺纹车床数控工作台装配完成后，要求运动平稳、灵活；滑板运行到不同位置时，空载推动力一致，滑板移动的直线度、滑板平面与移动方向的平行度、滑板平面与底座底面的平行度都必须符合规定的技术指标。排列好拆下的每一个零件并进行登记，装配时按与拆卸相反的顺序进行，并对数控工作台进行认真的检测，使其装配精度和运动精度符合要求。

## 三、任务步骤

1）拆下工作台与导轨滑块、螺母支座的定位销钉和连接螺钉，取下工作台(滑板)。

2）检查工作台上导轨滑块的接触面、螺母支座的接触面与工作台面的平行度并作记录。

3）检查导轨与滚珠丝杠的平行度并作记录。

4）卸下滚珠丝杠支架与底座连接的定位销钉和螺钉，取下滚珠丝杠副，松开联轴器，卸下驱动电动机。

5）检查底座上滚珠丝杠支架的接触面与导轨的平行度。

6）卸下滚动导轨与底座连接的定位销钉和螺钉，取下滚动导轨。

7）检查底座上滚动导轨安装面的平面度和导向面的直线度并作记录。

8）清洗已经拆卸下来的各个部件，准备进行组装。

9）在底座上安装滚动导轨并检查安装精度，应达到拆却前的精度。

10）将滚珠丝杠组件安装在底座上，并检查丝杠与导轨的平行度，应达到拆卸前的精度。然后安装驱动电动机，紧固联轴器。

11）将工作台安装在导轨滑块上，再将丝杠螺母座连接到工作台上。

12）安装完毕后检查几何精度。

在装配过程中，必须认真检查滑板平面与底座底面的平行度、滑板移动的直线度、滑板平面与运动方向的平行度以及滚珠丝杠与导轨的平行度等指标，并与装配前的测量精度进行比较。若装配后的精度误差超过了允许范围，则应重新进行调整。

## 四、拓展经验

通过上述实际操作，在拆装和调整数控设备这类较复杂的设备时，要做到以下两点。

1）事先搜集、理解有关资料，做好充分的准备。在此基础上，制订好拆卸步骤及注意事项。

2）严格按照有关资料(图样、说明书等)的规定操作，并注意资料中的数据。

## 【思考与练习】

一、填空题

1. 二维工作台主要由________、________、________、________和________等构成。

2. 导轨在水平面内的直线度的检测方法有________、________和________等。

3. 配合间隙包括________和________两种。其中________间隙直接影响滚珠丝杠副的传动精度，因此需要采用消隙机构予以调整。

4. 装配时可调整或选择适当的________、________、________，以消除轴向间隙。

5. 滚珠丝杠的支承方式有四种，即________、________、________和________。

二、简答题

1. 直线导轨副的性能特点有哪些？

2. 导轨在垂直平面内的直线度的调试方法有哪些？

3. 导轨在水平面内的直线度的调试方法有哪些？

4. 导轨平面度的调试方法有哪些？

5. 滚珠丝杠的支承方式有哪几种？分别适用于什么场合？

# 项目四　工作机构的拆装与调整

## 任务一　间歇回转机构的安装

### 【教学目标】

教学目标：能够独立完成间歇回转机构的安装。

促成教学目标：

1）培养识图能力，通过读装配图明确零件间的装配关系、机构的运动原理及功能，理解图样中的技术要求；熟练运用基本零件结构的装配方法。

2）掌握轴承的装配方法和步骤。

3）了解槽轮机构的工作原理及用途。

4）了解蜗杆、锥齿轮、圆柱齿轮传动的特点。

### 【工作任务】

对照 THMDZT—1 型实训装置中间歇回转机构的装配图（附图 4），对间歇回转机构进行安装，并达到预期工作要求，如图 4-1 所示。

图 4-1　间歇回转机构

### 【任务分析】

读 THMDZT—1 型实训装置间歇回转机构装配图（附图 4）。

**1. 概括了解**

从标题栏中了解装配体的名称是 THMDZT—1 型机械装调技术综合实训装置中的间歇回转机构，掌握间歇回转机构的各项拆装调整要求。

**2. 了解装配关系和工作原理**

此间歇回转机构由齿轮、蜗轮、蜗杆、曲柄槽轮及其附件组成，用来实现工作平台的间歇回转运动。

**3. 分析零件，读懂零件形状**

根据装配图的表达方法和投影关系，将零件的投影从重叠的视图中分离出来，读懂零件的基本结构形状和作用。

**4. 分析尺寸，了解技术要求**

读懂装配图中的必要尺寸，分析装配过程中或装配后须达到的技术要求，在掌握拆装知识的基础上，对间歇回转机构进行拆装作业。

间歇回转机构安装用工具、量具见表4-1。

**表4-1　间歇回转机构安装用工具、量具**

| 序　号 | 名　称 | 型号及规格 | 数　量 |
|---|---|---|---|
| 1 | 机械装调技术综合实训装置 | THMDZT—1型 | 1套 |
| 2 | 游标卡尺 | 300mm | 1把 |
| 3 | 深度游标卡尺 | | 1把 |
| 4 | 内六角扳手 | | 1套 |
| 5 | 橡胶锤 | | 1把 |
| 6 | 垫片 | | 若干 |
| 7 | 防锈油 | | 若干 |
| 8 | 纯铜棒 | | 1根 |
| 9 | 一字螺钉旋具 | | 1把 |
| 10 | 零件盒 | | 2个 |

## 【相关知识】

**1. 槽轮机构的组成与特点**

槽轮机构是由槽轮、装有圆柱销的曲柄和机架等组成的步进运动机构，又称马尔他机构，如图4-2所示。它常被用来将主动件的连续转动转换成从动件的带有停歇的单向周期性转动。

槽轮机构结构简单、易加工、工作可靠、转角准确、机械效率高；但是其动程不可调节，转角不能太小，槽轮在起、停时的加速度大，有冲击，并随着转速的增加或槽轮槽数的减少而加剧，故不宜用于高速场合，多用来实现不需经常调节转位角度的转位运动。槽轮机构一般应用在转速不高、要求间歇地转过一定角度的分度装置中，如转塔车床上的刀具转位机构。它还常在电影放映机中用于间歇移动胶片等。

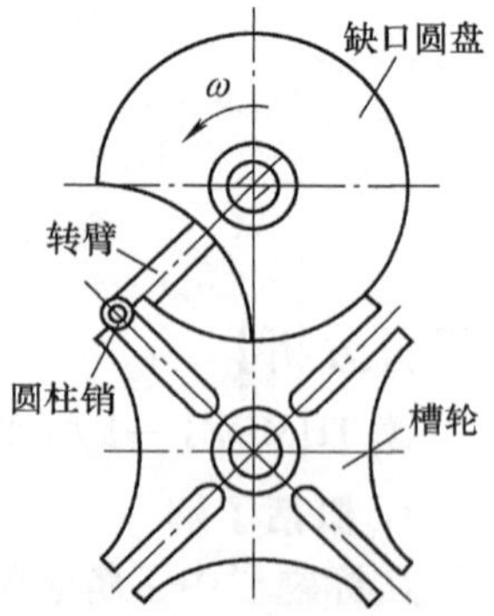


图4-2　外啮合槽轮机构

**2. 槽轮机构的类型**

槽轮机构有外啮合和内啮合两种形式。外啮合槽轮机构的槽轮和转臂转向相反，而内啮合则相同。单臂外啮合槽轮机构(图 4-2)由带圆柱销的转臂、具有 4 条径向槽的槽轮和机架组成。当连续转动的转臂上的圆柱销进入径向槽时，拨动槽轮转过 90°；在圆柱销转出径向槽后，槽轮停止转动。转臂转一周，槽轮完成一次转停运动。为了保证槽轮准确停歇，可在转臂上固接一缺口圆盘，其圆周边与槽轮上的凹周边相配。这样既不影响转臂转动，又能锁住槽轮不动。为了使槽轮能完成周期性的转停运动，槽轮上的径向槽数不能少于 3 个。为了避免冲击，圆柱销应切向进、出槽轮，即径向槽与转臂在此瞬间位置要互相垂直。在需要满足不同间停的要求时，可采用多臂的和非对称槽的槽轮机构。

根据应用场合，槽轮机构还可分为普通型和特殊型两种。普通型包括外槽轮机构、内槽轮机构、槽条机构；特殊型包括不等臂多销槽轮机构、球面槽轮机构、偏置式槽轮机构(分为偏置外槽轮机构和偏置内槽轮机构)和曲线式槽轮机构(分为曲线外槽轮机构和曲线内槽轮机构)。

## 【任务实施】

### 一、前期准备

1）熟悉图样和零件清单、装配任务。

2）检查零件的完备情况。

3）选择合适的工具、量具。

4）清洗各零件。

### 二、间歇回转机构的装配

间歇回转机构的安装应遵循先局部后整体的原则，首先对各部件进行安装，然后对各部件进行组合，完成整个机构的装配，如附图 4 所示。

**1. 蜗杆部分的装配**

1）用轴承装配套筒将两个蜗杆用轴承 45 及圆锥滚子轴承内圈装在蜗杆 18 的两端。注意圆锥滚子内圈的方向。

2）用轴承装配套筒将两个蜗杆用轴承 45 及圆锥滚子轴承外圈分别装在两个轴承座 69 上，并把蜗杆轴轴承端盖 15 和 47 分别固定在轴承座上。注意圆锥滚子外圈的方向。

3）将蜗杆 18 安装在两个轴承座 69 上，并把两个轴承座 69 固定在分度机构用底板 51 上。

4）在蜗杆的主动端装入相应的键，并用轴端挡圈 53 将小齿轮 67 固定在蜗杆上。

**2. 锥齿轮部分的装配**

1）在小锥齿轮轴 57 安装锥齿轮的部位装入相应的键，并将锥齿轮 7 和轴套 58 装入。

2）将两个轴承座 4 分别套在小锥齿轮轴 57 的两端，并用轴承装配套筒将四个角接触轴承以两个一组面对面的方式安装在小锥齿轮轴 57 上，然后将轴承装入轴承座。注意：中间须加间隔环 12、13。

3）在小锥齿轮轴 57 的两端分别装入 $\phi$15mm 轴用弹性挡圈，将两个轴承座透盖 3 固定到轴承座上。

4）将两个轴承座分别固定在小锥齿轮用底板 52 上。

5）在小锥齿轮轴 57 的两端各装入相应的键，用轴端挡圈 53 将大齿轮 63、08B24 链轮

56 固定在小锥齿轮轴 57 上。

**3. 增速齿轮部分的装配**

1）用轴承装配套筒将两个深沟球轴承装在齿轮增速轴 10 上，并在相应位置装入 $\phi$15mm 轴用弹性挡圈。注意：中间须加间隔环 12 和 13。

2）将安装好轴承的齿轮增速轴 10 装入轴承座 4 中，并将轴承座透盖 11 安装在轴承座上。

3）在齿轮增速轴 10 两端各装入相应的键，用轴端挡圈 53 将小齿轮 65、大齿轮 63 固定在齿轮增速轴 10 上。

**4. 蜗轮部分的装配**

1）将蜗轮蜗杆用透盖 50 装在蜗轮轴 21 上，用轴承装配套筒将圆锥滚子轴承内圈装在蜗轮轴 21 上。

2）用轴承装配套筒将圆锥滚子的外圈装入轴承座 49 中，然后将圆锥滚子轴承装入轴承座 49 中，并将蜗轮蜗杆用透盖 50 固定在轴承座 49 上。

3）在蜗轮轴 21 上安装蜗轮的部分安装相应的键，并将蜗轮 19 装在蜗轮轴 21 上，然后用圆螺母 20 固定。

**5. 槽轮拨叉部分的装配**

1）用轴承装配套筒将深沟球轴承安装在槽轮轴 39 上，并装上 $\phi$17mm 的轴用弹性挡圈。

2）将槽轮轴 39 装入底板 26 中，并把底板轴承盖 42 固定在底板 26 上。

3）在槽轮轴 39 的两端各加入相应的键，分别用轴端挡圈、紧定螺钉将四槽轮 43 和法兰盘 35 固定在槽轮轴 39 上。

4）用轴承装配套筒将角接触轴承安装到底板 26 的另一轴承装配孔中，并将底板轴承盖 24 安装到底板 26 上。

**6. 整个工作台的装配**

1）将分度机构用底板 51 安装在铸铁平台上。

2）通过轴承座 49 将蜗轮部分安装在分度机构用底板 51 上。

3）将蜗杆部分安装在分度机构用底板 51 上，通过调整蜗杆的位置，使蜗轮、蜗杆正常啮合。

4）将立架 70 安装在分度机构用底板 51 上。

5）在蜗轮轴 21 先装上圆螺母 20 再装锁止弧 17 的位置装入相应的键，并用圆螺母 23 将锁止弧 17 固定在蜗轮轴 21 上，再装上一个圆螺母 23，上面套上套管 27。

6）调节四槽轮的位置，将四槽轮部分安装在支架 70 上，同时将蜗轮轴 21 的轴端装入相应位置的轴承孔中，用蜗轮轴端用螺母 28 将蜗轮轴锁紧在深沟球轴承上。

7）将推力球轴承限位块 41 安装在底板 26 上，并将推力球轴承套在推力球轴承限位块 41 上。

8）通过法兰盘 35 将料盘 40 固定。

9）将增速齿轮部分安装在分度机构用底板 51 上，调整增速齿轮部分的位置，使大齿轮 63 和小齿轮 67 正常啮合。

10）将锥齿轮部分安装在铸铁平台上，调节小锥齿轮用底板 52 的位置，使小齿轮 52 和大齿轮 63 正常啮合。

## 【任务评价】

间歇回转机构的安装评价表见表 4-2。

**表 4-2　间歇回转机构的安装评价表**

| 评价项目 | 评价内容 | 分值 | 个人评价 | 小组互评 | 教师评价 | 得分 |
|---|---|---|---|---|---|---|
| 理论知识 | 蜗杆副的装配要点 | 10 | | | | |
| | 锥齿轮副的装配要点 | 10 | | | | |
| | 槽轮拔叉基本知识 | 10 | | | | |
| 实践操作 | 蜗杆副装调操作 | 10 | | | | |
| | 间歇回转机构精度的检测 | 10 | | | | |
| | 间歇回转机构试运行 | 10 | | | | |
| 操作规范 | 遵守操作规程 | 10 | | | | |
| | 职业素质规范化养成 | 10 | | | | |
| 学习态度 | 考勤情况 | 5 | | | | |
| | 遵守学习纪律 | 5 | | | | |
| | 团队合作 | 10 | | | | |
| 合　计 | | 100 | | | | |
| 成果分享 | 收获 | | | | | |
| | 不足 | | | | | |
| | 改进措施 | | | | | |

# 任务二　自动压力机的安装与调整

## 【教学目标】

教学目标：能够独立完成自动压力机的安装与调整。

促成教学目标：

1）培养识图能力，通过读装配图明确零件之间的装配关系、机构的运动原理及功能，理解图样中的技术要求，掌握基本结构的装配方法。

2）能够根据机械设备的技术要求，确定其装配工艺。

3）能够进行自动压力机的空运转试验，并能分析判断常见故障。

## 【工作任务】

根据自动压力机的装配图（附图 5），使用相关工具、量具，进行自动压力机的安装与调试，保证自动压力机运转灵活，无卡阻现象。自动压力机的实物图如图 4-3 所示。

图 4-3　自动压力机实物图

【任务分析】

读 THMDZT—1 型实训装置自动压力机装配图(附图 5)。

**1. 概括了解**

从标题栏中了解装配体的名称是 THMDZT—1 型机械装调技术综合实训装置中的自动压力机，掌握自动压力机的各项拆装调整要求。

**2. 了解装配关系和工作原理**

压力机由支承架、曲轴、滑块及其附件组成，用来实现冲压工作。

**3. 分析零件，读懂零件形状**

根据装配图的表达方法和投影关系，将零件的投影从重叠的视图中分离出来，读懂零件的基本结构形状和作用。

**4. 分析尺寸，了解技术要求**

读懂装配图中的必要尺寸，分析装配过程中或装配后须达到的技术要求，在掌握拆装知识的基础上，对自动压力机进行安装与调整。

自动压力机安装与调整用工具、量具见表 4-3。

**表 4-3　自动压力机安装与调整用工具、量具**

| 序　号 | 名　称 | 型号及规格 | 数　量 |
|---|---|---|---|
| 1 | 机械装调技术综合实训装置 | THMDZT—1 型 | 1 套 |
| 2 | 游标卡尺 | 300mm | 1 把 |
| 3 | 内六角扳手 | | 1 套 |
| 4 | 橡胶锤 | | 1 把 |
| 5 | 防锈油 | | 若干 |
| 6 | 纯铜棒 | | 1 根 |
| 7 | 一字螺钉旋具 | | 1 把 |
| 8 | 零件盒 | | 2 个 |

【相关知识】

## 一、自动压力机简介

### 1. 曲柄滑块机构的定义

曲柄滑块机构是铰链四杆机构的演化形式，由若干刚性构件(包括曲柄、连杆、滑块等)用低副(回转副、移动副)连接而成。。

### 2. 曲柄滑块机构的特性及应用

曲柄滑块机构常用于将曲柄的回转运动变换为滑块的往复直线运动，或者将滑块的往复直线运动转换为曲柄的回转运动。对曲柄滑块机构进行运动特性分析，是指当已知各构件的尺寸参数、位置参数和原动件的运动规律时，研究机构其余构件上各点的轨迹、位移、速度、加速度等，从而评价机构是否满足工作性能要求，机构是否会发生运动干涉等。曲柄滑块机构具有运动副为低副，各元件间为面接触，构成低副两元件的几何形状比较简单、加工方便，易于得到较高的制造精度等优点，因而在包括煤矿机械在内的各类机械中得到了广泛的应用，如自动送料机构、压力机、内燃机空气压缩机等。

### 3. 曲柄滑块机构的分类

根据结构特点，曲柄滑块机构可分为三类：对心曲柄滑块机构(图 4-4)、偏置曲柄滑块机构(图 4-5)和偏心轮机构(图 4-6)。

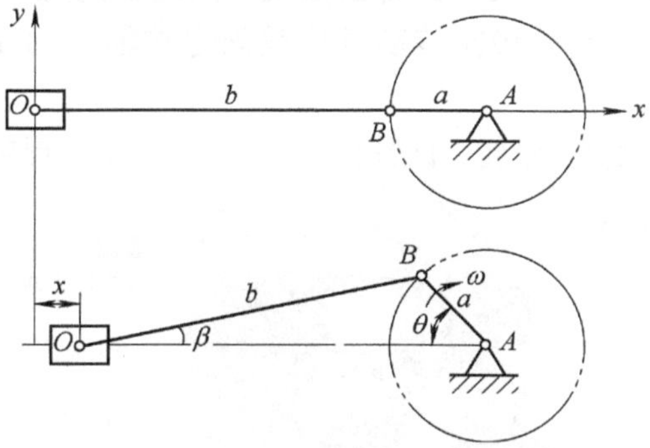


图 4-4　对心曲柄滑块机构

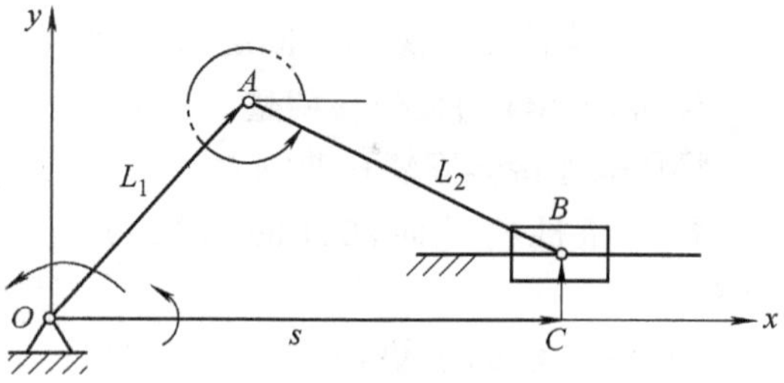


图 4-5　偏置曲柄滑块机构

## 二、偏心轮机构简介

当曲柄长度很小时，通常把曲柄做成偏心轮，这样不仅增大了轴颈的尺寸，提高了偏心轴的强度和刚度，而且当轴颈位于中部时，还可以安装整体式连杆，使结构得到简化。因此，偏心轮机构被广泛应用于传力较大的剪床、压力机、鄂式破碎机、内燃机等机械中。

偏心轮机构可以实现复杂的非线性传动关系，且传动平稳、结构紧凑、动力平衡性好。将偏心轮与连杆等机构组合应用，可实现单纯用连杆机构难以得到的复杂的运动特性。

在海上能源综合开发平台上采用这种偏心轮机构，通过滑块联动液压缸，可将海风端水平轴旋转的机械能转化成活塞往复运动的机械能，进而转化成液压能。

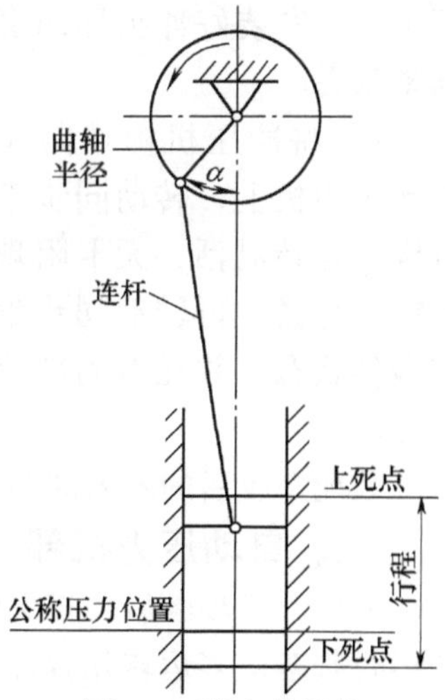


图 4-6　偏心轮机构

【任务实施】

## 一、工作准备

1）读懂图样并熟悉零件结构、装配任务。

2）检查零件的完备情况。

3）选择工具、量具。

4）将相关零件清洗干净。

## 二、自动压力机部件的装配

**1. 轴承的装配与调整**

首先用轴承套筒将6002轴承装入轴承室中（在轴承室中涂抹少许润滑脂），转动轴承内圈，轴承应转动灵活，无卡阻现象；观察轴承外圈是否安装到位。

**2. 曲轴的装配与调整**

（1）安装轴(二)　将透盖用螺钉拧紧，将轴(二)装好，然后装好轴承的右传动轴挡套。

（2）安装曲轴　将轴瓦安装在曲轴下端盖的U形槽中，然后装好中轴，盖上另一半轴瓦，将曲轴上端盖装在轴瓦上，将螺钉预紧，用手转动中轴，中轴应转动灵活。

（3）将已安装好的曲轴固定在轴(二)上　用M5的外六角螺钉预紧。

（4）安装轴(一)　将轴(一)装入轴承中（由内向外安装），将已安装好的曲轴的另一端固定在轴(一)上。此时可将曲轴两端的螺钉拧紧，然后将左传动轴压盖固定在轴(一)上，再将左传动轴的闷盖装上，并将螺钉预紧。

（5）在轴(二)上装键　固定同步带轮，然后转动同步带轮，曲轴转动应灵活，无卡阻现象。

**3. 冲压部件的装配与调整**

将压头连接体安装在曲轴上。

**4. 冲压机构导向部件的装配与调整**

1）将滑套固定垫块固定在滑块固定板上，然后将滑套固定板加强肋固定好，安装好冲头导向套，螺钉为预紧状态。

2）将冲压机构导向部件安装在自动压力机上，转动同步带轮，冲压机构应运转灵活，无卡阻现象。最后将螺钉拧紧，再转动同步带轮，调整到最佳状态，并在滑动部分加少许润滑油。

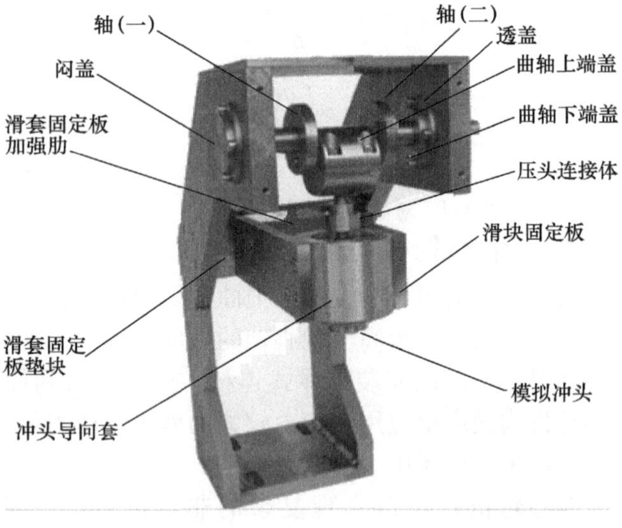


图4-7　自动压力机装配效果图

装配完成后的效果如图4-7所示。

## 三、自动压力机部件的手动运行与调整

完成上述步骤后，将手轮上的手柄拆下，安装在同步带轮上，摇动手柄，观察模拟冲头的运行状态，多运转几分钟，仔细观察各部件是否运行正常，正常后加入少许润滑油。

## 【任务评价】

自动压力机安装与调整评价表见表4-4。

**表4-4　自动压力机安装与调整评价表**

| 评价项目 | 评价内容 | 分值 | 个人评价 | 小组互评 | 教师评价 | 得分 |
|---|---|---|---|---|---|---|
| 理论知识 | 自动压力机的工作原理 | 10 | | | | |
| | 自动压力机的装配技术要点 | 10 | | | | |
| | 自动压力机的调整要求 | 10 | | | | |
| 实践操作 | 自动压力机的装调操作 | 10 | | | | |
| | 自动压力机的精度检测 | 10 | | | | |
| | 自动压力机的试运行 | 10 | | | | |
| 操作规范 | 遵守操作规程 | 10 | | | | |
| | 职业素质规范化养成 | 10 | | | | |
| 学习态度 | 考勤情况 | 5 | | | | |
| | 遵守学习纪律 | 5 | | | | |
| | 团队合作 | 10 | | | | |
| 合　计 | | 100 | | | | |
| 成果分享 | 收获 | | | | | |
| | 不足 | | | | | |
| | 改进措施 | | | | | |

# 任务三　机械传动机构的安装与调整

## 【教学目标】

教学目标：能够独立完成机械传动机构的安装与调整。

促成教学目标：

1）培养学识图能力，通过分析装配图，明确零件之间的装配关系、传动机构的运动原理及功能。

2）能够对带传动进行调整。

3）能够对齿轮传动进行调整。

## 【工作任务】

对照THMDZT—1型实训装置的总装图(附图6)，对其中的机械传动机构进行安装与调整，并达到预期工作要求。具体装调任务如下：

1）电动机与变速箱之间、减速机与自动压力机之间同步带传动的调整。

2）变速箱与二维工作台之间直齿圆柱齿轮传动的调整。

3）减速器与分度转盘机构之间锥齿轮的调整。

4）链条的安装。

## 【任务分析】

读 THMDZT—1 实训装置总装配图(附图 6)。

**1. 概括了解**

从标题栏中了解装配体的名称是 THMDZT—1 型机械装调技术综合实训装置，掌握各机构的各项拆装调整要求。

**2. 了解各机构间的装配关系和工作原理**

依据装调设备的工作原理实施具体安装调整任务。

**3. 分析零件,读懂零件形状**

根据装配图的表达方法和投影关系，将零件的投影从重叠的视图中分离出来，读懂零件的基本结构形状和作用。

**4. 分析尺寸,了解技术要求**

读懂装配图中的必要尺寸，分析电动机与变速箱之间、减速器与自动压力机之间同步带传动的调整，变速箱与二维工作台之间直齿圆柱齿轮传动的调整，减速器与分度转盘机构之间锥齿轮的调整、链条的安装等装调作业。

机械传动机构安装与调整用工具、量具见表 4-5。

**表 4-5　机械传动机构安装与调整用工具、量具**

| 序　号 | 名　称 | 型号及规格 | 数　量 |
|---|---|---|---|
| 1 | 机械装调技术综合实训装置 | THMDZT—1 型 | 1 套 |
| 2 | 游标卡尺 | 300mm | 1 把 |
| 3 | 深度游标卡尺 | | 1 把 |
| 4 | 杠杆百分表 | 0.8mm，含小磁性表座 | 1 套 |
| 5 | 大磁性表座 | | 1 个 |
| 6 | 塞尺 | | 1 把 |
| 7 | 直角尺 | | 1 把 |
| 8 | 内六角扳手 | | 1 套 |
| 9 | 橡胶锤 | | 1 把 |
| 10 | 圆螺母扳手 | M16、M27 圆螺母用 | 各 1 把 |
| 11 | 外用卡簧钳 | 直角、弯角 | 各 1 把 |
| 12 | 垫片 | | 若干 |
| 13 | 防锈油 | | 若干 |
| 14 | 纯铜棒 | | 1 根 |
| 15 | 一字螺钉旋具 | | 1 把 |
| 16 | 零件盒 | | 2 个 |

## 【任务实施】

### 一、工作准备

将变速箱、交流减速电动机、二维工作台、齿轮减速器、间歇回转工作台、自动压力机分别放在铸铁平台上的相应位置，并将相应的底板螺钉装入（螺钉不要拧紧）。

## 二、机械传动装置的安装与调整

操作步骤参考项目三中任务四“相关知识”有关内容，此处不再赘述。

## 【任务评价】

机械传动机构的安装与调整评分表见表4-6。

**表4-6　机械传动机构的安装与调整评分表**

| 评价项目 | 评价内容 | 分值 | 个人评价 | 小组互评 | 教师评价 | 得分 |
|---|---|---|---|---|---|---|
| 理论知识 | 机械传动系统的工作原理 | 10 | | | | |
| | 机械传动系统装配技术要点 | 10 | | | | |
| | 机械传动系统调整要求 | 10 | | | | |
| 实践操作 | 机械传动系统装调操作 | 10 | | | | |
| | 机械传动系统精度检测 | 10 | | | | |
| | 机械传动系统试运行 | 10 | | | | |
| 操作规范 | 遵守操作规程 | 10 | | | | |
| | 职业素质规范化养成 | 10 | | | | |
| 学习态度 | 考勤情况 | 5 | | | | |
| | 遵守学习纪律 | 5 | | | | |
| | 团队合作 | 10 | | | | |
| 合　计 | | 100 | | | | |
| 成果分享 | 收获 | | | | | |
| | 不足 | | | | | |
| | 改进措施 | | | | | |

# 任务四　机械系统的运行与调整

## 【教学目标】

教学目标：能够综合运用机械系统运行控制的相关知识完成机械系统的操作

促成教学目标：

1）通过识读机械系统装配总图，明确每个模块之间的装配关系，以及系统中各部件的运行原理和功能，理解图样中的技术要求，掌握机械系统运行的控制与调整方法。

2）能够根据机械系统运行的技术要求，确定装配工艺顺序。

3）在机械系统的运行与调整过程中，能够对常见故障进行判断、分析及处理。

## 【工作任务】

根据THMDZT—1型机械装调技术综合实训装置总装图（附图6），使用相关工具、量具，对机械系统进行运行与调整，并达图样要求。

## 【任务分析】

读 THMDZT—1 型机械装调技术综合实训装置总装图(附图 6)，读图步骤如下。

**1. 概括了解**

本任务是在掌握 THMDZT—1 型机械装调技术综合实训装置各机构的拆装调整要求的基础上，进行设备运行控制系统的安装与调整。

**2. 了解各机构的装配关系和工作原理**

**3. 分析零件及装调要点**

根据装配图的表达方法和投影关系，将零件的投影从重叠的视图中分离出来，读懂零件的基本结构形状和作用。

**4. 分析尺寸，了解技术要求**

读懂装配图中的必要尺寸，分析电动机与变速箱、减速器与自动压力机之间同步带传动的调整，变速箱与二维工作台之间直齿圆柱齿轮传动的调整，减速器与分度转盘机构之间锥齿轮的调整、链条的安装等装调作业。

机械系统运行控制所需的工具、量具见表 4-7。

**表 4-7　机械系统运行控制用工具、量具**

| 序　号 | 名　称 | 型号及规格 | 数　量 |
|---|---|---|---|
| 1 | 机械装调技术综合实训装置 | THMDZT—1 型 | 1 套 |
| 2 | 内六角扳手 | | 1 套 |
| 3 | 带三芯蓝插头的电源线 | | 1 根 |

## 【任务实施】

**1. 机械传动部件的装调**

根据本项目任务三，完成相关机械传动部件的安装与调整。检查同步带、链条的安装是否正确，并确认其在手动状态下能够运行，各个部件运转正常，然后将二维工作台运行到中间位置。

**2. 电气部分的连接与调试**

连接好相关实训导线，完成电气部分的线路连接，并通电调试，使设备运行正常。

(1) 电源控制面板(图 4-8 所示)　检查控制面板上的“2A”熔丝是否安装好，熔丝座内的熔丝是否和面板上标注的规格相同，若不同则须更换熔丝。用万用表(自备)测量熔丝是否完好，检查完毕后装好熔丝，旋紧熔丝帽。

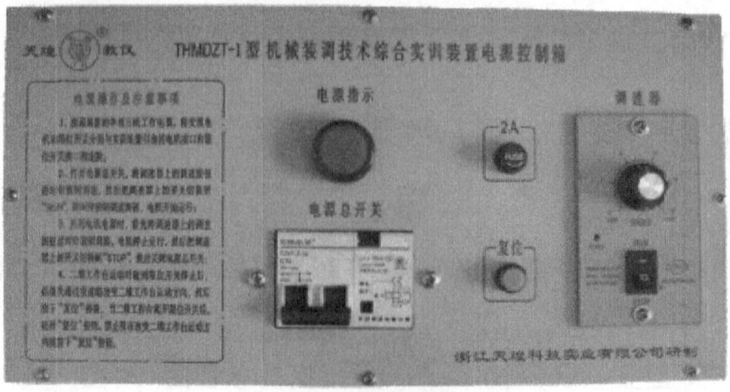


图 4-8　电源控制面板

用带三芯蓝插头的电源线接通控制屏电源[单相三线 AC（220±10%）V，50Hz]，将带三芯开尔文插头的限位开关连接线接入“限位开关接口”，旋紧连接螺母，保证连接可靠，并将带五芯开尔文插头的电动机电源线接入“电动机接口”，旋紧连接螺母，保证连接可靠。打开“电源总开关”，此时“电源指示”红灯亮，“调速器”的“power”指示灯同时点亮，通电完毕。经指导教师确认后方可进行下一步操作。

（2）电源控制接口(图 4-9)　电源控制接口主要包括限位开关接口、电源接口、电动机接口。

图 4-9　电源控制接口

注意：在接上述三个接线插口时，插口的小缺口方向要与插座的凸出部分相对应。

（3）电源在指导教师确认后，将“调速器”的小黑开关拨在“RUN”状态，顺时针旋转调速旋钮，使电动机的转速逐渐增加，调到一定转速时，观察机械系统的运行情况。（转速可由教师指定或根据实际情况选定）

电源的操作及注意事项如下：

1）接通装置的单相三线工作电源，将交流电动机和限位开关分别与实训装置引出的电动机接口和限位开关接口相连接。

2）打开电源总开关，将调速器上的调速旋钮沿逆时针方向旋转到底，然后把调速器上的开关切换到“RUN”，接着顺时针旋转调速旋钮，电动机开始运行。

3）关闭电动机电源时，首先将调速器上的调速旋钮沿逆时针方向旋转到底，电动机停止运行，然后把调速器上的开关切换到“STOP”，最后关闭电源总开关。

4）二维工作台碰到限位开关停止后，必须先通过变速箱改变二维工作台的运动方向，然后按下控制面板上的“复位”按钮。当二维工作台离开限位开关后，松开“复位”按钮。

注意：不允许在没有改变二维工作台运动方向的情况下按下控制面板上的“复位”按钮。

**3. 机械系统的运行与调试**

将电气系统接好并通电完毕后，根据实训指导教师的要求对机械系统(图 4-10)进行调整。

（1）电动机转速的调整　通过调节电源控制面板上的“调速器”，调整电动机的转速。顺时针旋转时，转速增加；逆时针旋转时，转速降低。指导教师可根据教学需求调节电动机的输出转速。

（2）变速箱(图 4-11)输出轴(一)转速的调整。将输出轴(一)的转速分别调整为(从左至右)中速、低速和高速，即拨动滑块(一)的滑移齿轮组分别和输入轴的相应齿轮啮合。

图 4-10　机械系统

1—交流减速电动机　2—变速箱　3—二维工作台
4—间歇回转工作台　5—自动压力机机构　6—齿轮减速器

图 4-11　变速箱

(3) 变速箱输出轴(二)转速的调整　输出轴(二)的转速分别调整为(从左至右)中速横向移动(右行)、向左方横向移动、低速横向移动(右行)、高速横向移动(右行)，即拨动滑块(二)的滑移齿轮组分别和输入轴的相关齿轮啮合。

**4. 机械系统运行与调整流程图**

本实训装置的机械传动部分，提供多种运行方式，可选择整机运行，也可实现不同模块之间的运行。请根据表 4-8 和附图 1 独立完成机械系统运行与调整流程图，并自行完成系统的运行。

**表 4-8　齿轮及齿轮组说明**

| 名　称 | 图　号 | 模　数 | 齿　数 |
|---|---|---|---|
| 滑移齿轮组(一) | THMDZT—1. 1J-4 | 2. 5 | (A)48、(B)25、(C)35 |
| 滑移齿轮组(二) | THMDZT—1. 1J-5 | 2. 5 | (A)40、(B)27、(C)17 |
| 固定齿轮(一) | THMDZT—1. 1J-6 | 2. 5 | 20 |
| 固定齿轮(二) | THMDZT—1. 1J-7 | 2. 5 | 43 |
| 固定齿轮(三) | THMDZT—1. 1J-8 | 2. 5 | 33 |
| 固定齿轮(四) | THMDZT—1. 1J-9 | 2 | 30 |
| 固定齿轮（五) | THMDZT—1. 1J-10 | 2 | 42 |

## 【任务评价】

机械系统的运行控制评价表见表 4-9。

**表 4-9　机械系统的运行控制评价表**

| 评价项目 | 评价内容 | 分值 | 个人评价 | 小组互评 | 教师评价 | 得分 |
|---|---|---|---|---|---|---|
| 理论知识 | 机械控制系统的工作原理 | 10 | | | | |
| | 机械控制装配技术要点 | 10 | | | | |
| | 机械控制调试要求 | 10 | | | | |
| 实践操作 | 机械控制系统装调操作 | 10 | | | | |
| | 机械控制系统故障排除 | 10 | | | | |
| | 机械控制系统试运行 | 10 | | | | |

（续）

| 评价项目 | 评价内容 | 分值 | 个人评价 | 小组互评 | 教师评价 | 得分 |
|---|---|---|---|---|---|---|
| 操作规范 | 遵守操作规程 | 10 | | | | |
| | 职业素质规范养成 | 10 | | | | |
| 学习态度 | 考勤情况 | 5 | | | | |
| | 遵守学习纪律 | 5 | | | | |
| | 团队合作 | 10 | | | | |
| 合　计 | | 100 | | | | |
| 成果分享 | 收获 | | | | | |
| | 不足 | | | | | |
| | 改进措施 | | | | | |

# 参考文献


［1］ 汪荣青．机械装调技术与实训［M］．北京：中国铁道出版社，2012.

［2］ 李智勇，谢玉莲．机械装配技术基础［M］．北京：科学出版社，2009.

［3］ 王兴民．钳工工艺学［M］．北京：中国劳动社会保障出版社，1996.

［4］ 机械工业部统编．初级钳工工艺学［M］．北京：机械工业出版社，2005.